중학수학 **16시간** 만에 끝내기
실전편 2

CYUGAKUSUGAKUGA MARUGOTOWAKARU

ⓒ Shuzo MAJI 2008

Originally published in Japan in 2008 by BERET PUBLISHING CO.,INC.

Korean translation rights arranged through TOHAN CORPORATION, TOKYO

and YU RI JANG AGENCY, SEOUL

중학수학 16 시간 만에 끝내기

실전편 2

마지 슈조 **지음**

김성미 옮김

북스토리

여러분, 수학 시간을 떠올려 보세요. 아마도 수학을 이해하기 쉽게 가르치는 선생님과, 이해하기 어렵게 가르치는 선생님이 있었을 것입니다. 게다가 그 차이는 다른 과목과는 비교도 안 됐습니다. 쉽게 가르치는 선생님을 만나면 수학에 흥미를 가지게 되지만, 어렵게 가르치는 선생님을 만나면 바로 수학을 포기하기도 하니까요.

『중학수학 16시간 만에 끝내기 실전편』은 학교에서 수학을 쉽게 가르치는 선생님들이 공통적으로 가르치는 교수법과 기초가 부족해 수학을 어려워하는 학생들을 가르칠 때 쓰는 교육법을 제 나름대로 정리한 책입니다. 개념 정리를 실전문제와 바로 연결해서 수학 문제를 푸는 데 필요한 문제해결능력을 자연스럽게 익히도록 했습니다.

이 책이 다른 수학책과 차별되는 점은 다음과 같습니다.

첫 번째, 물 흐르듯 자연스럽게 이어지는 학습 진도

많은 교과서와 참고서를 보면 양수와 음수 → 문자식 → 1차방정식 → 함수 → 도형 → 연립방정식 → 함수 → 도형 → 확률⋯⋯ 등의 순

서로 되어 있습니다. 하지만 이 순서대로 공부를 하다 보면 양수와 음수 → 문자식 → 1차방정식……을 배워서 계산과 방정식을 푸는 요령을 잡으려고 할 때, 갑자기 함수와 도형으로 들어가게 됩니다. 함수와 도형을 배우다가 그만 앞에서 배운 것들을 잊어버리고 말지요.

하지만 이 책은 양수와 음수 → 문자식 → 1차방정식 → 연립방정식……으로 관련된 부분을 차례대로 공부하기 때문에 군더더기 없이 쉽고 효율적으로 공부할 수 있습니다.

두 번째, 필요한 것만 콕콕 짚는 명확한 요점 정리

이 책은 확실하게 외워야 할 부분을 '일단 외워!', 응용문제를 풀 때 필요한 부분을 '쉽게 생각해!'로 보기 쉽게 정리했습니다.

수학을 잘 가르치는 선생님들이 공통적으로 꼽는 요점만을 뽑아 놓았기에, 바로 문제를 풀 수 있습니다.

세 번째, 부담 없이 풀면서 익힐 수 있는 실전문제들

학습의 핵심내용과 실제 문제풀이 과정에서 끊임없이 거론되는 개념과 문제유형을 아주 쉬운 것부터 하나하나 풀어가면서 저절로 익힐 수 있게 만들었습니다. 이 책은 따라 하기만 하면 중학수학 3년 과정 문제들이 자연스럽게 풀리게 함으로써, 학생들로 하여금 주요 문제유형을 손에 익게 하고 수학에 대한 자신감 또한 키울 수 있게 해 줍니다.

이 책을 실제로 풀어 본 여러분들이 수학을 어렵거나 피하고 싶은 과목이 아니라, 쉽고 재미있는 과목으로 느낄 수 있기를 바랍니다.

contents

1권 학습 진도

이제 시작해 볼까요?

chapter 09

이차방정식

가장 높은 차수가 이차인 방정식을 이차방정식이라고 해. 이차
방정식을 풀 때는 일단 인수분해를 하고, 그래도 풀리지 않으
면 근의 공식을 써야 해.

이차방정식이란?

이제 이차방정식을 배울 차례야. 전에 일차방정식을 배웠지? 기본적으로는 일차방정식과 비슷해. 단 가장 높은 차수가 이차라는 것이 다를 뿐이지. 어렵다고? 설명해 줄게.

이차방정식이란?
$$ax^2 + bx + c = 0 \quad (a \neq 0)$$

구체적으로는

$$3x^2 - 9 = 0$$
$$x^2 + 9x = 0$$
$$x^2 + 5x - 4 = 0$$

등이야.

이처럼 가장 높은 차수가 이차인 방정식을 이차방정식이라고 해.

$ax^2+c=0$의 유형

이런 유형의 이차방정식은 앞에서 배운 제곱근을 생각하면서 풀면 쉬워. x만 남겨 놓고 제곱근을 구하면 되겠지?

제곱근을 응용해서 푼다

예 $4x^2-12=0$을 풀어 보세요.

$$4x^2-12=0$$
$$4x^2=12$$
$$x^2=3$$
$$x=\pm\sqrt{3} \quad (x는 2승해서 3이 되는 수=3의 제곱근이지.)$$

다음 방정식을 풀어 보세요.

$\boxed{1}$ $x^2-18=0$

$\boxed{2}$ $x^2-48=0$

$$ax^2+bx=0$$
$$ax^2+bx+c=0 \text{의 유형}$$

03

어디서 많이 본 유형의 식이지? 왠지 인수분해를 해야 할 것 같지 않아?
이런 유형의 이차방정식은 일단 인수분해를 하고 생각해. 만약 인수분해가 안 된다면? 그때는 다른 방법이 있지.

인수분해 또는 근의 공식으로 풀어

구체적으로는

$x^2+9x=0$ $x^2+4x-5=0$과 같은 방정식이야.

이 유형은 인수분해 또는 근의 공식으로 풀면 돼.

예 $x^2+5x-6=0$을 풀어 보세요.

일단 인수분해로 풀어.

곱하여 -6이 되는 것은 $(1$과 $-6)(-1$과 $6)(2$와 $-3)(-2$와 $3)$

이 중에서 더하여 5가 되는 것은 $(-1$과 $6)$

따라서 $x^2+5x-6=(x-1)(x+6)=0$

인수분해한 방정식을,

$$ab = a \times b = 0\text{의 경우} \quad a = 0\text{이나} \quad b = 0$$

을 이용해서 풀면 돼.

$$x^2 + 5x - 6 = \underbrace{(x-1)}_{a}\underbrace{(x+6)}_{b} = 0$$

$$x - 1 = 0 \quad \text{혹은} \quad x + 6 = 0$$

$$x = 1 \quad \text{혹은} \quad x = -6$$

정답 $x = 1, \quad x = -6$

예 $x^2 + 3x - 3 = 0$을 풀어 보세요.

이번에는 아래의 근의 공식으로 풀어. $ax^2 + bx + c = 0$의 풀이는

$$x = \frac{-b \pm \sqrt{b^2 - 4ac}}{2a}$$

이 공식의 a와 b와 c에 숫자를 대입하여 풀면 끝.

$$x^2 + 3x - 3 = 0\text{과}$$

$$ax^2 + bx + c = 0\text{을 비교해서}$$

$a = 1 \quad b = 3 \quad c = -3$ 그러므로

$$x = \frac{-b \pm \sqrt{b^2 - 4ac}}{2a}$$

$$x = \frac{-3 \pm \sqrt{3^2 - 4 \times 1 \times (-3)}}{2 \times 1} = \frac{-3 \pm \sqrt{9 + 12}}{2} = \frac{-3 \pm \sqrt{21}}{2}$$

정답 $\dfrac{-3 \pm \sqrt{21}}{2}$

먼저 인수분해해서 풀리지 않으면 근의 공식으로 풀어!

인수분해를 사용하면 빨리 풀 수 있지만, 풀 수 없는 문제도 있어. 근의 공식은 조금 번거롭지만, 모든 이차방정식을 풀 수 있는 마법의 열쇠야. 따라서 먼저 인수분해를 시도해 보고, 풀리지 않으면 근의 공식으로 해 보는 것이 좋아.

다음 방정식을 적절한 방법으로 풀어 보세요.

① $x^2 - x - 6 = 0$

② $x^2 + 3x - 5 = 0$

① $x^2-x-6=0$

인수분해해 보자.

곱하여 -6이 되는 것은 $(1과 -6)(-1과 6)(2와 -3)(-2와 3)$

이 중에서 더하여 -1이 되는 것은 $(2와 -3)$, 따라서

$$x^2-x-6=\underbrace{(x+2)}\underbrace{(x-3)}=0$$

$$x+2=0 \text{ 혹은 } x-3=0$$

$$x=-2 \text{ 혹은 } x=3$$

정답 $x=-2,\ x=3$

② $x^2+3x-5=0$

인수분해해 보자.

곱하여 -5가 되는 것은 $(1과 -5)(-1과 5)$

이 중에서, 더하여 3이 되는 것은 없어.

따라서, 근의 공식을 써야 해.

$a=1 \qquad b=3 \qquad c=-5 \qquad$ 그러므로

$$x=\frac{-b\pm\sqrt{b^2-4ac}}{2a}$$

$$x=\frac{-3\pm\sqrt{3^2-4\times1\times(-5)}}{2\times1}=\frac{-3\pm\sqrt{9+20}}{2}=\frac{-3\pm\sqrt{29}}{2}$$

정답 $\dfrac{-3\pm\sqrt{29}}{2}$

이차방정식은 $ax^2+bx+c=0$으로 만들어야 해

이차방정식이

$$x^2+2x=5 \qquad x^2=3x+4 \qquad 5x=-x^2+6 \cdots$$

과 같은 형태로 출제되는 경우가 있어. 이럴 때는 즉시 이항하여,

$$ax^2+bx+c=0$$의 형태로 만들어야 해.

$x^2+2x=5$라면 이항하여 $x^2+2x-5=0$

$x^2=3x+4$라면 이항하여 $x^2-3x-4=0$

$5x=-x^2+6$이라면 이항하여 $x^2+5x-6=0$

이후에 먼저 인수분해. 풀리지 않을 때는 근의 공식을 쓰면 돼.

 다음 방정식을 풀어 보세요.

1 $-9x=-x^2-18$

2 $x^2=+3x+3$

1 $-9x = -x^2 - 18$

$x^2 - 9x + 18 = 0$

인수분해해 봐.

곱하여 $+18$이 되는 것은 $(1과 +18)(2와 9)(3과 6)$

$(-1과 -18)(-2와 -9)(-3과 -6)$

이 중에서 더하여 -9가 되는 것은 $(-3과 -6)$, 따라서

$$x^2 - 9x - 18 = \underline{(x-3)}\ \underline{(x-6)} = 0$$

$x - 3 = 0$ 혹은 $x - 6 = 0$

$x = 3$ 혹은 $x = 6$

정답 $x = 3,\ x = 6$

2 $x^2 = +3x + 3$

$x^2 - 3x - 3 = 0$

인수분해해 보자.

곱하여 -3이 되는 것은 $(1과 -3)(-1과 3)$

이 중에서 더하여 -3이 되는 것은 없어.

따라서 근의 공식을 써야 해.

$a = 1$ $b = -3$ $c = -3$ 그러므로

$$x = \frac{-b \pm \sqrt{b^2 - 4ac}}{2a}$$

$$x = \frac{-(-3) \pm \sqrt{(-3)^2 - 4 \times 1 \times (-3)}}{2 \times 1} = \frac{+3 \pm \sqrt{9 + 12}}{2}$$

$$= \frac{3 \pm \sqrt{21}}{2}$$

정답 $\dfrac{3 \pm \sqrt{21}}{2}$

20

chapter 10

이차방정식
문장제

이차방정식 문장제는 일차방정식 때와 마찬가지로 문제문 기입 방식과 그림 기입방식으로 풀면 돼. 풀고 난 뒤에 적절한 답인 지 한 번 더 확인해야 해.

수를 묻는 **문제**는
문제문 기입방식으로

01

이제부턴 이차방정식의 문장제를 풀어 보기로 하자. 문장제는 식을 만들어 내는 것이 어려울 뿐, 만들고 난 뒤에는 지금까지 풀었던 식일 뿐이야. 그러면 어떤 방법을 써야 할까?

 문제문 기입방식으로 풀어

예 어떤 양수를 2승할 것을 잘못하여 2를 곱하였더니, 답이 63 작아졌습니다. 어떤 양수는 얼마일까요?

먼저 구하는 값, 여기서는 어떤 양수를 x로 놓고, 아래와 같이 적어.

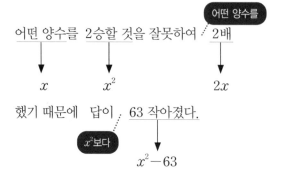

어떤 양수를

어떤 양수를   2승할 것을 잘못하여   2배

    ↓   ↓   ↓

    x x^2 $2x$

했기 때문에   답이   63 작아졌다.

x^2보다

                ↓

          $x^2 - 63$

이어서 적어 놓은 것을 보고, 잠시 생각하여

$$x^2 - 63 = 2x$$

라는 방정식을 세워.

여기부터는 이차방정식을 풀 때처럼 풀면 돼.

즉 $ax^2 + bx + c = 0$의 형태로 만들어서,

먼저 인수분해하고, 풀리지 않을 때는 근의 공식을 쓰면 되겠지?

$x^2 - 63 = 2x$로부터

$x^2 - 2x - 63 = 0$

인수분해를 해 보자.

곱하여 -63이 되는 것은 $(1과 -63)(3과 -21)(7과 -9)$

$\qquad\qquad\qquad\qquad\qquad (-1과 63)(-3과 21)(-7과 9)$

이 중에서 더하여 -2가 되는 것은 $(7과 -9)$, 따라서

$$x^2 - 2x - 63 = (x+7)\,(x-9) = 0$$

$$x + 7 = 0 \quad 혹은 \quad x - 9 = 0$$

$$x = -7 \quad 혹은 \quad\quad x = 9$$

어떤 수 x는 양수이므로,

$x = 9$가 적합, $x = -7$은 부적합.

정답 9

이차방정식의 문장제에서는
적합한지 부적합한지를 체크해야 해

앞의 이차방정식 $x^2-2x-63=(x+7)(x-9)=0$으로

답이 $x=9$와 $x=-7$로 둘이었지만,

문장제에서 x는 양수였으므로

$x=9$가 적합하고 $x=-7$은 부적합한 거야.

이와 같이, 이차방정식에서는 인수분해 또는 근의 공식으로 푼 후,

그것이 적합한지 부적합한지를 체크해야 해.

실전
문제

연속되는 2개의 양의 정수의 2승의 합이 41이 됩니다.

이 연속되는 두 수의 작은 쪽 수를 구하세요.

먼저 구하는 값, 연속되는 2개의 양의 정수의 작은 쪽 수를,

x로 놓고, 다음과 같이 적어.

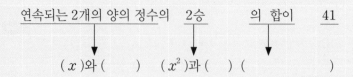

이어서 적은 것을 보고 잠시 생각하여,

(   )

라는 방정식을 세워. 이제 방정식을 풀면 돼.

정답 (   )

연속되는 2개의 양의 정수의   2승   의 합이   41

(x)와 $(x+1)$ (x^2)과 $((x+1)^2)$ $(x^2+(x+1)^2)$

$x^2+(x+1)^2=41$

$x^2+x^2+2x+1=41$

$x^2+x^2+2x+1-41=0$

$ax^2+bx+c=0$의 형태로

$2x^2+2x-40=0$

먼저 공통인수를 ( ) 밖으로 빼내   곱하여 -20, 더하여 $+1$

$2x^2+2x-40=2(x^2+x-20)=2(x+5)(x-4)=0$

$x+5=0$ 혹은 $x-4=0$

$x=-5$ 혹은 $x=4$

x는 양수이므로

$x=-5$는 부적합, $x=4$는 적합.

정답   4

밭에 길을 만드는 문제는
길을 끝으로 모아서

02

가끔 밭에 길을 만들어서 넓이를 구하라는 문제가 나오는 경우가 있어.
사실 이건 이차방정식 문제를 헷갈리게 만들기 위한 일종의 속임수야.
이 문제를 쉽게 풀려면 이렇게 하자.

 길을 끝으로 모으면 돼

세로 20m, 가로 10m의 직사각형의 밭에 폭 2m의 길을 만들고,
나머지를 화단으로 한다고 치자.

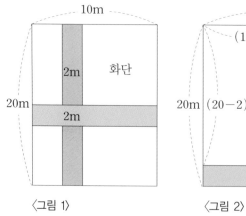

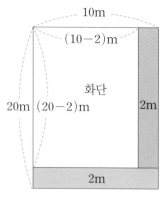

〈그림 1〉 〈그림 2〉

〈그림 1〉로 화단 넓이를 생각하면 힘들지만, 〈그림 2〉와 같이 길을 끝으로 밀어내면, 화단의 넓이는 $(20-2) \times (10-2)$와 같이 쉽게 계산할 수 있어.

예 세로 12m, 가로 9m의 밭에 같은 폭의 길을 만들고, 나머지를 화단으로 하려 합니다. 화단 넓이를 54m²로 하려면, 길 폭은 얼마로 해야 될까요?

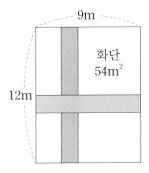

구하는 값, 길 폭을 x m로 놓은 후 끝으로 밀고,
그림에 적어. (아래 그림 기입방식)

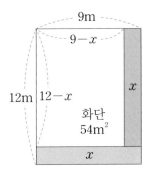

이어서 적어 놓은 것을 보고, 잠시 생각하여
$(12-x)(9-x)=54$라는 방정식을 세워.

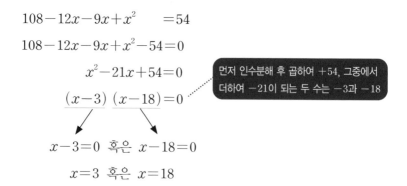

$$108 - 12x - 9x + x^2 = 54$$

$$108 - 12x - 9x + x^2 - 54 = 0$$

$$x^2 - 21x + 54 = 0$$

$$(x-3)(x-18) = 0$$

먼저 인수분해 후 곱하여 +54, 그중에서
더하여 -21이 되는 두 수는 -3과 -18

$$x - 3 = 0 \text{ 혹은 } x - 18 = 0$$

$$x = 3 \text{ 혹은 } x = 18$$

$x = 18$은 부적합(밭의 세로 길이인 12m보다 길기 때문에 부적합).

$x = 3$은 적합.

정답 길 폭은 3m

가로 길이가 세로 길이의 2배인 사각형의 밭에 그림과 같이 폭 2m의 길을 만들고 나머지를 화단으로 만들자, 화단의 넓이는 84m²가 되었습니다. 밭의 세로 길이는 몇 m일까요?

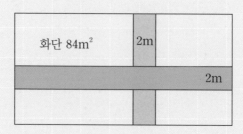

화단 84m²   2m

2m

구하는 값, 밭의 세로 길이를 xm로 놓고, 길을 끝으로 밀어
내어 그림에 적어 보자.

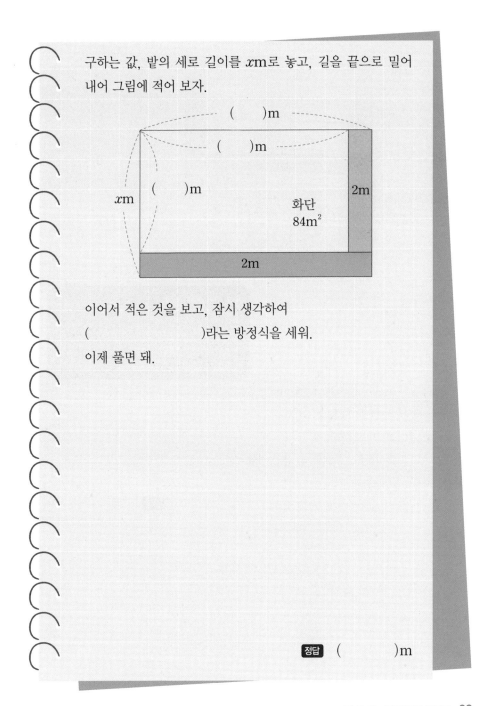

이어서 적은 것을 보고, 잠시 생각하여
(   )라는 방정식을 세워.

이제 풀면 돼.

정답 (   )m

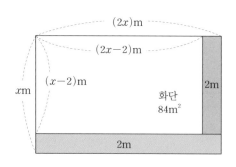

$$(x-2)(2x-2)=84$$

$$2x^2-2x-4x+4=84$$

$$2x^2-2x-4x+4-84=0$$

$$2x^2-6x-80=0$$

$$2(x^2-3x-40)=0$$

먼저 인수분해. 곱해서 -40이 되는 커플을 찾자.
$(1$과 $-40)(2$와 $-20)(4$와 $-10)$
$(5$와 $-8)(-1$과 $40)(-2$와 $20)$
$(-4$와 $10)$ $(-5$와 $8)$
이 중에서 더하여 -3이 되는 것은 $(5$와 $-8)$

$$2(x+5)(x-8)=0$$

$$x+5=0 \text{ 혹은 } x-8=0$$

$$x=-5 \text{ 혹은 } x=8$$

$x>0$이기 때문에

$x=-5$는 부적합, $x=8$은 적합.

정답 세로 길이는 8m

철사로 직사각형을 만드는 문제는 가로세로를 조심

03

철사로 직사각형을 만드는 문제도 실은 이차방정식 문제야. 여기서 주의할 점은 가로세로가 각각 2개씩 있다는 것. 사각형의 변은 4개이니까 당연하겠지?

 가로＋세로＝철사의 절반

40cm의 철사로 직사각형을 만들 경우,

가로＋세로＝20cm

(＝철사 40cm의 절반)가 되겠지.

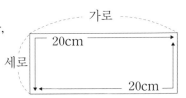

따라서 40cm의 철사로 직사각형을
만들 때, 세로가 5cm라면,
가로는 (20－5)cm가 되겠지?

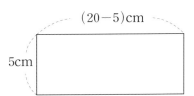

예 길이 32cm의 철사로 면적 48cm²의 직사각형을 만들었습니다. 이 때 세로를 몇 cm로 하면 될까요? (단, 세로< 가로)

먼저 구하는 값, 세로의 길이를 x(cm)로 놓고, 그림에 적어 봐.

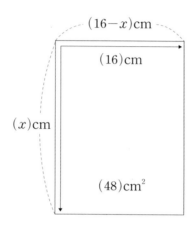

다음 적은 것을 보고, 잠시 생각하여
$x(16-x)=48$이라는 방정식을 세워.

$$16x - x^2 = 48$$
$$16x - x^2 - 48 = 0$$
$$-x^2 + 16x - 48 = 0$$
$$x^2 - 16x + 48 = 0 \quad\longleftarrow$$

$-x^2$	$+$	$16x$	$-$	48	$=$	0
$\downarrow{\times-1}$		$\downarrow{\times-1}$		$\downarrow{\times-1}$		$\downarrow{\times-1}$
x^2	$-$	$16x$	$+$	48	$=$	0

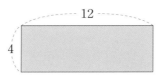

$$\underline{(x-4)} \quad \underline{(x-12)}=0$$

곱해서 48이 되는 두 수
$(1, 48)(2, 24)(3, 16)(4, 12)$
$(6, 8)(-1, -48)(-2, -24)$
$(-3, -16)(-4, -12)(-6, -8)$
이 중에서 더하여 -16이 되는 것
은 $(-4, -12)$

$x-4=0$ 혹은 $x-12=0$

$x=4$ 혹은 $x=12$

$x=4$(세로 4)일 때 가로는 $16-4=12$

세로 < 가로이므로 이것은 적합.

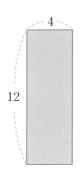

$x=12$(세로 12)일 때 가로는 $16-12=4$

세로 < 가로이므로 이것은 부적합.

정답 세로 $4\,\mathrm{cm}$

24m의 철사가 2개 있습니다. 이 중 하나로 정사각형, 나머지 하나로 직사각형을 만들었습니다. 2개의 넓이를 합치자 56m²가 되었습니다. 이때, 직사각형의 세로는 몇 m일까요?
(단, 세로＞가로)

먼저 구하는 값, 직사각형 세로의 길이를 x(m)로 놓고, 그림에 적어.

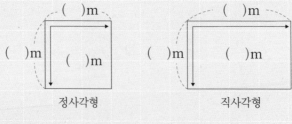

( )m

정사각형

( )m

직사각형

합하여 ( )m²

이어서 적어 놓은 걸 보고, 잠시 생각하여,
( )
라는 방정식을 세워. 이제 방정식을 풀면 돼.

$x=($), $x=($)
세로＞가로이므로 $x=($)는 부적합, $x=($)

정답 세로 ( )m

34

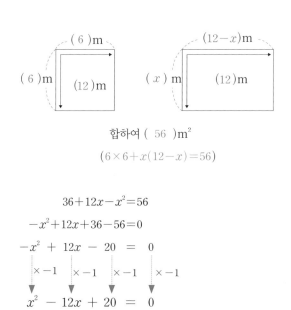

합하여 (56)m²

$(6 \times 6 + x(12-x) = 56)$

$$36 + 12x - x^2 = 56$$

$$-x^2 + 12x + 36 - 56 = 0$$

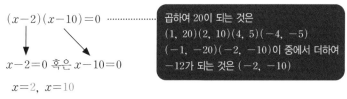

$(x-2)(x-10) = 0$ ·············

곱하여 20이 되는 것은
$(1, 20)(2, 10)(4, 5)(-4, -5)$
$(-1, -20)(-2, -10)$이 중에서 더하여
-12가 되는 것은 $(-2, -10)$

$x-2=0$ 혹은 $x-10=0$

$x=2$, $x=10$

세로 > 가로이므로 $x=2$는 부적합. $x=10$은 적합.

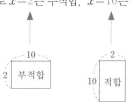

정답 세로 10 m

chapter 11

피타고라스의 정리

직각삼각형에는 뭔가 특별한 것이 있어. 바로 피타고라스의 정리야. 피타고라스의 정리를 이용하면 다양한 직각삼각형 문제를 풀 수 있지.

피타고라스의 정리란
무엇일까?

01

피타고라스의 정리는 그리스의 수학자 피타고라스가 발견한 법칙이야.
직각삼각형에만 해당되는 법칙인데 일단 공식처럼 외워 두자.

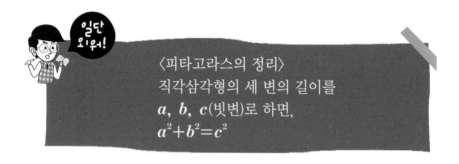

일단
외워!

〈피타고라스의 정리〉
직각삼각형의 세 변의 길이를
a, b, c(빗변)로 하면,
$a^2+b^2=c^2$

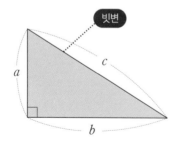

빗변

c

a

b

예 아래의 직각삼각형에서는 $3^2+4^2=5^2$ 으로 되어 있습니다.

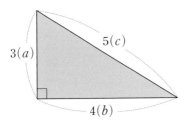

예 아래 그림의 x를 구하세요.

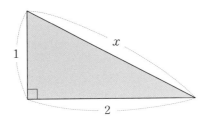

피타고라스의 정리로부터

$$1^2+2^2=x^2$$
$$1+4=x^2$$
$$5=x^2 \quad x>0이므로$$
$$x=\sqrt{5}$$

 $x^2=5$이므로 $x=\pm\sqrt{5}(x=+\sqrt{5}, \ -\sqrt{5})$이지만 $x>0$이기 때문에

$x=-\sqrt{5}$는 부적합해.

실전 문제

아래 그림의 x를 구하세요.

1️⃣

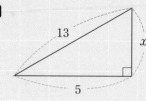

(　　　　　　)에 따르면
(　　　　　)
이제 풀면 돼.
$x = ($　　$)$

2️⃣

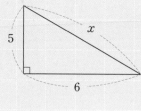

(　　　　　　)에 따르면
(　　　　　)
이제 풀면 돼.
$x = ($　　$)$

정답과 해설

1️⃣ (피타고라스의 정리)에 따르면

$$x^2 + 5^2 = 13^2$$
$$x^2 + 25 = 169$$
$$x^2 = 169 - 25$$
$$x^2 = 144$$

$x > 0$이므로 $x = (12)$

2️⃣ (피타고라스의 정리)에 따르면

$$5^2 + 6^2 = x^2$$
$$25 + 36 = x^2$$
$$61 = x^2$$

$x > 0$이므로 $x = (\sqrt{61})$

붙어 있는 직각삼각형 문제는 공통변부터

02

붙어 있는 직각삼각형 두 개를 주고 한 변의 길이를 구하는 문제 유형이야. 이런 문제는 일단 구할 수 있는 공통변을 피타고라스의 정리로 구하면 돼.

 붙어 있는 직각삼각형은 구할 수 있는 것부터 계산

예 다음 그림의 x를 구하세요.

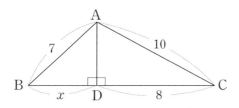

우선, 구할 수 있는 것은 AD야.

AD＝y로 놓고, 먼저 이것부터 구하자.

△ACD에 대하여 피타고라스의 정리에 따라

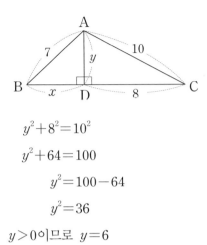

$$y^2 + 8^2 = 10^2$$

$$y^2 + 64 = 100$$

$$y^2 = 100 - 64$$

$$y^2 = 36$$

$y > 0$이므로 $y = 6$

△ABD에 대하여 피타고라스의 정리에 따라

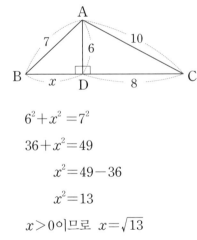

$$6^2 + x^2 = 7^2$$

$$36 + x^2 = 49$$

$$x^2 = 49 - 36$$

$$x^2 = 13$$

$x > 0$이므로 $x = \sqrt{13}$

 이와 같이 깊게 생각하지 말고, 구할 수 있는 것부터 먼저 계산하는 게 요령이야.

다음 그림의 x를 구하세요.

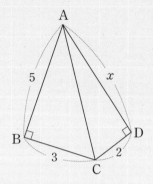

우선 구할 수 있는 것은 (　　) 겠지?

(　　)＝y로 놓고, 먼저 이것부터 구해 보자.

피타고라스의 정리에 따르면

(　　　　　　　　　　　　)

이제 방정식을 풀면 돼.

$y>0$이므로 $y＝$(　　　　)

(　　　　) 에 대하여 피타고라스의 정리에 따르면

(　　　　　　　)

이제 방정식을 풀면 돼.

정답 $x>0$이므로 $x＝$(　　　)

우선 구하는 것은 (AC)겠지?

$(AC)=y$로 놓고, 먼저 이것부터 구해 보자.

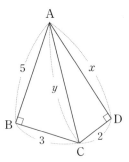

피타고라스의 정리에 따르면

$(3^2+5^2=y^2)$

$9+25=y^2$

$34=y^2$

$y>0$이므로 $y=(\sqrt{34})$

$\triangle(ACD)$에 대하여 피타고라스의 정리에 따르면

y

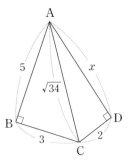

$(2^2+x^2=(\sqrt{34})^2)$

$4+x^2=34$

$x^2=34-4$

$x^2=30$

정답 $x>0$이므로 $x=(\sqrt{30})$

입체도형의 대각선을
구하는 문제는 단면으로

03

이번에는 응용을 해 보자. 가장 기본적인 응용으로 입체도형의 대각선을 구하는 문제를 들 수 있어. 그런데 직각삼각형이 보이지 않는다고? 그럴 땐 도형을 잘라 봐.

입체도형은 단면을 그려 봐!
단면을 그리면 **피타고라스의 정리를 이용할 수 있는**
직각삼각형으로 변신해

예 직육면체의 대각선 AG의 길이를 구하세요.

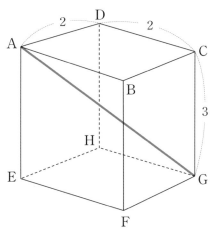

대각선 AG를 포함하는 단면 △AEG를 그려 봐.

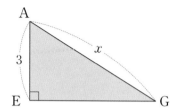

EG의 길이가 필요하겠지? 그래서 EG를 포함하는 평면 EFGH를 그려 보는 거야.

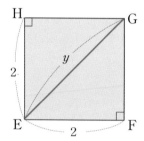

일단 EG=y로 놓자. 피타고라스의 정리에 따르면

$$2^2+2^2=y^2$$

$$4+4=y^2$$

$$8=y^2$$

$y>0$이므로 $y=\sqrt{8}=\sqrt{4\times2}=\sqrt{4}\times\sqrt{2}=2\times\sqrt{2}=2\sqrt{2}$

이것을 단면 △AEG의 그림에 넣어.

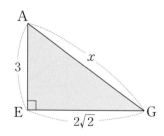

피타고라스의 정리에 따르면

$$3^2 + (2\sqrt{2})^2 = x^2$$
$$9 + 8 = x^2$$
$$17 = x^2$$
$$x > 0이므로 \quad x = \sqrt{17} \qquad AG = \sqrt{17}$$

 입체도형에서는 구하는 변을 포함하는 단면을 떼어 내서 생각하면 편해.

밑면의 한 변이 4cm인 정사각형이고 AB=6cm인 정사각뿔 A−BCDE의 높이 h를 구하세요.

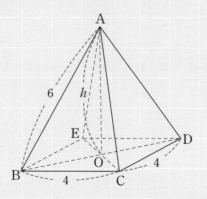

높이 h를 포함하는 단면 △ABO를 그려 봐.

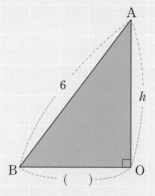

(　　　)의 길이가 필요하겠지?

따라서 (　　　)를 포함하는 평면 BCDE를 그려 봐.

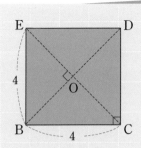

BO=EO=y로 놓으면 돼. 피타고라스의 정리에 따르면
(   )

이제 풀면 돼.

$y>0$이므로 $y=($ $)$

이것을 단면 △ABO의 그림에 일단 적어.

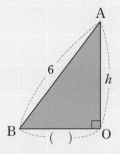

피타고라스의 정리에 따르면
(   )

풀면 되겠지?

$h>0$이므로 $h=($ $)$

높이 h를 포함하는 단면 △ABO를 그려 봐.

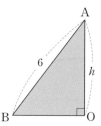

(BO)의 길이가 필요하겠지? 따라서 (BO)를 포함하는 평면 BCDE를 그려 봐.

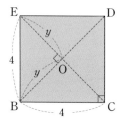

$BO=EO=y$로 놓아. 피타고라스의 정리에 따르면

$$(y^2+y^2=4^2)$$

$$2y^2=16$$

$$y^2=8$$

$y>0$이므로 $y=(2\sqrt{2})$

이것을 단면 △ABO의 그림에 적어.

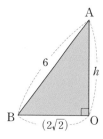

피타고라스의 정리에 따르면

$$((2\sqrt{2})^2+h^2=6^2)$$

$$8+h^2=36$$

$$h^2=36-8=28$$

$h>0$이므로 $h=\sqrt{28}=\sqrt{4}\times\sqrt{7}=(2\sqrt{7})$

최단거리를 구하는 문제는 전개도를 그려서

04

입체도형에서 최단거리를 구하는 문제는 피타고라스의 정리를 응용해서 풀 수 있어. 그러기 위해선 직각삼각형을 찾아야겠지? 전개도를 생각하면 직각삼각형이 짠~ 하고 나타날 거야.

 최단거리는 전개도로 생각하면 쉽게 풀 수 있어

예 아래 그림의 정육면체에서 변 AD의 중점 P부터 F로 변 AE 상의 점 Q를 통하여 선을 그릴 때, PQ+QF의 최솟값(=P에서 F까지의 최단거리)을 구하세요.

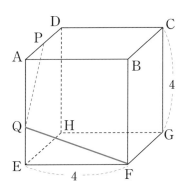

전개도를 그려 봐.

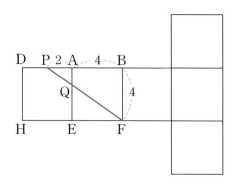

전개도에서 PQ+QF의 최솟값은 직각삼각형 PFB의
빗변 PF의 길이지.

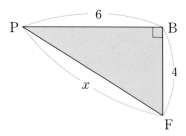

피타고라스의 정리에 따라

$6^2+4^2=x^2$

$36+16=x^2$

$52=x^2$

$x>0$이므로

$x=\sqrt{52}=\sqrt{4}\times\sqrt{13}=2\sqrt{13}$

PQ+QF의 최솟값은 $2\sqrt{13}$

아래 그림의 직육면체 EFGH−ABCD의 정점 E부터 변 HG 상의
점 P와 DC 상의 점 Q를 지나 정점 B까지 선을 그을 때,
EP+PQ+QB의 최솟값(＝E에서 B까지의 최단거리)을 구하세요.

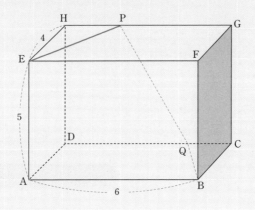

아래 그림에 E에서 B까지의 최단거리가 되는 선을 그어 그
길이를 구하면 될 거야.

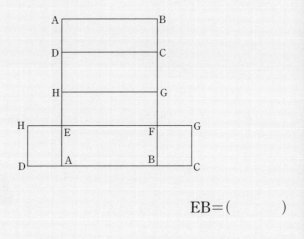

EB＝(   )

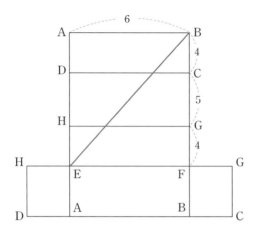

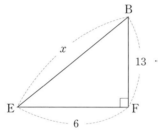

BC+CG+GF=4+5+4=13

피타고라스의 정리에 따라

$$6^2 + 13^2 = x^2$$

$$36 + 169 = x^2$$

$$205 = x^2 \quad x > 0이므로$$

$$x = \sqrt{205}$$

$$EB = (\sqrt{205})$$

$a^2 + b^2 = c^2$
잊으면 안 돼!

chapter 12

일차함수

x의 값에 따라 y의 값이 변하는 식을 함수라고 해. 함수의 기본은 그래프야. 이번 시간에는 일차함수에 대해 배워 보기로 하자.

일차함수란?

01

함수란 x, y 중 한쪽의 값에 따라 다른 쪽의 값이 정해지는 식을 말해.
그중에서 가장 높은 차수가 일차인 함수를 일차함수라고 부르지. 일단
형식부터 알아 놓자.

$$y=ax+b \ (a \neq 0)$$
a를 기울기, b를 절편이라 불러

일차함수의 구체적인 예는

$\quad y=3x+9 \qquad y=3x-3 \qquad y=-2x+4$

$\quad y=-6x-5 \qquad y=2x \qquad y=-7x \cdots\cdots$ 등이야.

이것들을 정리하여

$y=ax+b \ (a \neq 0)$ 라고 적어.

a를 기울기, b를 절편이라고 해.

$\quad y=3x-7$에서는 　기울기 3　절편 -7

$\quad y=5x$에서는 　　　기울기 5　절편 0이지.

빈칸에 알맞은 답을 써넣으세요.

① $y=-5x+4$에서는　(　　)－5　절편 (　　)

② $y=8x-2$에서는　기울기 (　　)　절편 (　　)

③ $y=-12x-3$에서는　(　　)－12　(　　)－3

① $y=-5x+4$에서는 (기울기) －5 절편 (＋4)

② $y=8x-2$에서는 기울기 (8) 절편 (－2)

③ $y=-12x-3$에서는 (기울기) －12 (절편) －3

일차함수의 그래프를 그리기

02

일차함수의 그래프를 그릴 때 좌절하는 학생들도 좀 있을 거야. 언제 그래프를 그려 본 적이 있어야지. 하지만 지금부터 내가 알려 주는 방법으로 그리면 쉽게 그릴 수 있어.

좌표는 동네 골목길 번지수라고 생각하면서 읽고 그려!

그래프를 그리기 위하여 몇 개의 점을 찍는데,
그 위치를 나타내는 것이 좌표야.
좌표는 동네 골목길 번지수라고 생각하면
이해하기 편할 거야.

다음 그림의 A점의 위치는 중앙의 0점으로부터 오른쪽으로 3칸 이동하기 때문에 3번 골목. 그곳에서 위로 3칸 이동하므로 3번지. 결국 3번 골목, 3번지가 되겠지.

A점은 $x=3$일 때, $y=3$이라는 관계를 나타내는 점으로 $(3, 3)$과 같이 나타내.

이와 같은 표현 방법을 좌표라고 해.

B점의 위치는 중앙의 0점으로부터 왼쪽으로 4칸 이동하기 때문에 -4번 골목, 그곳에서 아래로 3칸 이동하므로 -3번지, 결국 -4번 골목, -3번지야.

B점은 $x=-4$일 때, $y=-3$이라는 관계를 나타내는 점으로 $(-4, -3)$이야.

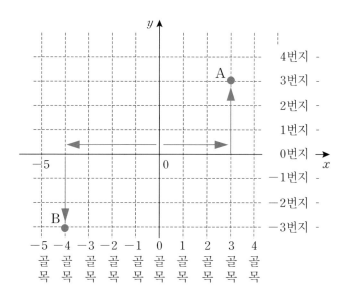

빈칸에 알맞은 답을 써넣으세요.

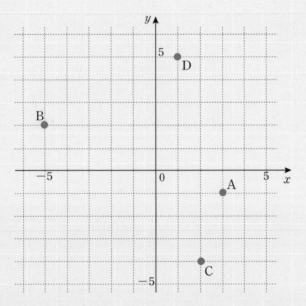

1 A점의 좌표는 중앙의 0점으로부터 오른쪽으로 3 ($x=$)

  그곳에서 밑으로 1 ($y=$)이므로 (,   )

2 B점의 좌표는 (,   )

3 C점의 좌표는 (,   )

4 D점의 좌표는 (,   )

A(4, 3), B(−6, 4), C(−3, −4), D(4, −4)를 그려 넣으세요.

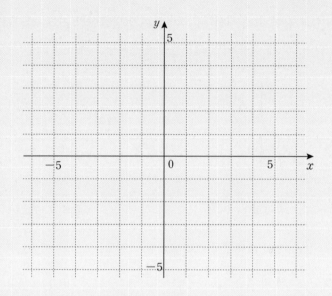

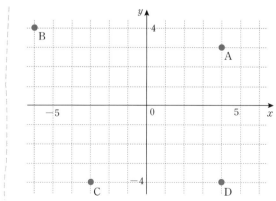

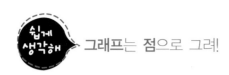
〈그림 1〉과 같이 그래프(선)는 점이 모여서 만들어진 거야. 따라서 〈그림 2〉와 같이, 몇 개 점을 찍어 그것들을 연결하면 그래프를 그릴 수 있지.

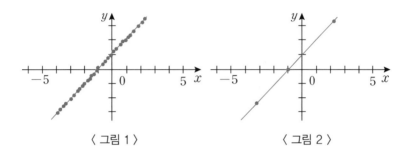

〈 그림 1 〉　　　　　　　〈 그림 2 〉

예 $y=2x+1$의 그래프를 그리세요.

$x=-1$일 때 $y=2\times(-1)+1=-1$

$x=-1$일 때 $y=-1$이므로, 그래프는 A점 $(-1,\ -1)$을 지나.

$x=0$일 때 $y=2\times(0)+1=+1$

$x=0$일 때 $y=+1$이므로, 그래프는 B점 $(0,\ 1)$을 지나.

$x=1$일 때

$y=2\times(1)+1=3$

$x=1$일 때 $y=3$이므로 그래프는

C점 $(1,\ 3)$을 지나.

A점, B점, C점을 연결하여,

$y=2x+1$의 그래프를

그려 보자.

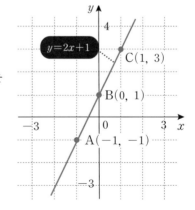

빈칸을 채워 $y=-2x-2$의 그래프를 그리세요.

$x=-1$일 때 $y=-2\times($ $)-2=($ $)$

그래프는 A점 (,   )을 지나겠지.

$x=0$일 때 $y=-2\times($ $)-2=($ $)$

그래프는 B점 (,   )를 지나겠지.

$x=1$일 때 $y=-2\times($ $)-2=($ $)$

그래프는 C점 (,   )를 지나겠지.

A점, B점, C점을 연결하여 $y=-2x-2$의 그래프를 그려

보자.

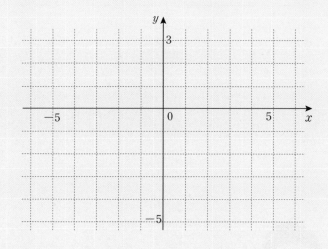

$x=-1$일 때 $y=-2\times(-1)-2=(0)$

그래프는 A점 $(-1,\ 0)$을 지나겠지.

$x=0$일 때 $y=-2\times(0)-2=(-2)$

그래프는 B짐 $(0,\ -2)$를 지나겠지.

$x=1$일 때 $y=-2\times(1)-2=(-4)$

그래프는 C점 $(1,\ -4)$를 지나겠지.

A점, B점, C점을 연결하여 $y=-2x-2$의 그래프를 그려 보자.

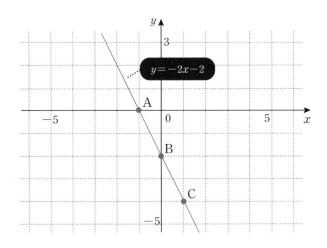

일차함수의 그래프를
그릴 때에는 이렇게
x값을 몇 개 넣어서
좌표를 구하면 돼.

일차함수 식을 구하기

03

그래프 상의 점은 그래프의 식을 만족시킨다는 것을 기억해. 이건 당연한 거야. 식을 만족시키는 점들의 모임이 그래프이니까.

 그래프 상의 점은 그래프의 식을 만족시켜

$(-1,\ -2)$가 $y=3x+1$ 상의 점인 것은
$-2=3\times(-1)+1$이기 때문이야. ◄ㆍㆍㆍㆍ

$(1,\ 4)$가 $y=3x+1$ 상의 점인 것은
$4=3\times(1)+1$이기 때문이야. ◄ㆍㆍㆍㆍ

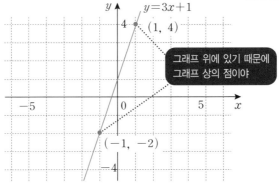

그래프 위에 있기 때문에
그래프 상의 점이야

빈칸에 알맞은 답을 써넣으세요.

1 $(2, -6)$이 $y=-4x+2$ 상의 점인 것은

( ) $=-4\times($) $+2$이기 때문이야.

2 $(-3, -10)$이 $y=3x-1$ 상의 점인 것은

( ) $=3\times($) -1이기 때문이야.

정답 1 $-6, 2$ 2 $-10, -3$

 일차함수라 주어지면 $y=ax+b$로 놓으면 돼

일차함수를 구한다는 것은 $y=ax+b$의 a와 b에 적합한 숫자를 구하는 것을 말해.

그러니까 일차함수가 나오면 $y=ax+b$로 놓고, 이어서 그래프 상의 점은 그래프의 식을 만족시킨다는 것을 이용해야 해.

예 기울기가 -2이고 $(1,\ -6)$을 지나는 일차함수를 구하시오.

일차함수이므로 $(y=ax+b)$

기울기가 -2이므로 $a=(\ -2\ )\ \cdots\ ①$

$(1,\ -6)$을 지나므로

$(-6=a\times(\ 1\ )+b)\ \cdots\ ②$

> 그래프 상의 점은 그래프의
> 식을 만족시킨다

①을 ②에 대입하여

$-6=-2\times1+b$

$-b=-2+6$

$-b=4$

$\quad b=(\ -4\ )$

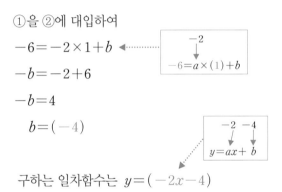

구하는 일차함수는 $y=(\ -2x-4\ )$

정답 $y=-2x-4$

> 일차함수의 식은
> $y=ax+b$

실전
문제

절편이 5이고, $(-2, -7)$을 지나는 일차함수를 구하세요.

일차함수이므로 (　　　)

절편이 5이므로 (　　　)

$(-2, -7)$을 지나기 때문에

(　　　　　　　)

이제 식을 풀면 돼.

정답 구하는 일차함수는 $y=($　　　$)$

정답과 해설

일차함수이므로 $(y=ax+b)$

절편이 5이므로 $(b=5)$ … ①

$(-2, -7)$을 지나기 때문에

$(-7=a\times(-2)+b)$ … ②　⋯⋯⋯⋯　그래프 상의 점은 그래프의 식을 만족시킨다

①을 ②에 대입하여

$-7=-2a+5$

$2a=5+7$

$2a=12$

$a=12\times\dfrac{1}{2}=6$

정답 구하는 일차함수는 $y=6x+5$

두 점 $(2, 3)(4, 7)$을 지나는 일차함수를 구하세요.

일차함수이므로 $y = ($ $)$

$(2, 3)$을 지나므로

$($ $) \cdots ①$

$(4, 7)$을 지나므로

$($ $) \cdots ②$

이제 풀면 돼.

정답 구하는 일차함수는 $y = ($ $)$

정답과 해설

일차함수이므로 $y = (ax + b)$

$(2, 3)$을 지나므로 $(3 = 2a + b) \cdots ①$

$(4, 7)$을 지나므로 $(7 = 4a + b) \cdots ②$

$\qquad -2a - b = -3 \quad \cdots$ ①을 이항하여

$- \big) \, -4a - b = -7 \quad \cdots$ ②를 이항하여

$\qquad\qquad 2a = 4$

$\qquad\qquad a = 4 \times \dfrac{1}{2} = 2$ 이것을 ①에 대입해.

$3 = 2 \times 2 + b$

$-b = 4 - 3$

$\boxed{\begin{array}{c} 2 \\ \downarrow \\ 3 = 2a + b \cdots ① \end{array}}$

$-b = 1$

$\quad b = -1$

정답 구하는 일차함수는 $y = 2x - 1$

아래 일차함수의 그래프의 식을 구하시오.

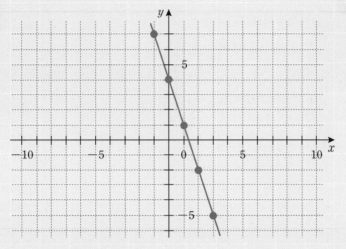

일차함수이므로 (   )

(,   )을 지나므로 (   )

(,   )을 지나므로 (   )

이제 풀면 돼.

정답 $a=($ $),\ b=($ $)$ 그러므로 (   )

일차함수이므로 $(y=ax+b)$

$(-1,\ 7)$을 지나므로

$7=a\times(-1)+b$ $\cdots$ ① $\cdots$

그래프 상의 점은 그래프의
식을 만족시킨다

$(1,\ 1)$을 지나므로

$1=a\times1+b$ $\cdots$ ②

그래프는 점의 모임이므로, 그래프 상의 점은
$(-1,\ 7)\ (0,\ 4)\ (1,\ 1)\ (2,\ -2)$
$(3,\ -5)\cdots$ 등등이 되겠지.
여기서는 한 예로 $(-1,\ 7)\ (1,\ 1)$을 사용
했는데, 다른 좌표로 해도 상관없어.
네가 편한 수를 넣으면 돼

$$a-b=-7 \quad \cdots \text{①을 이항하여}$$
$$-)\ -a-b=-1 \quad \cdots \text{②를 이항하여}$$
$$\overline{\ 2a=-6}$$
$$a=-6\times\frac{1}{2}=-3$$

이것을 ①에 대입해.

$$7=-1\times(-3)+b$$
$$-b=3-7$$
$$-b=-4$$
$$b=4$$

$$a=-3$$
$$7=-a+b \quad \cdots ①$$

정답 $a=-3$, $b=4$ 그러므로 $y=-3x+4$

두 그래프의
교점을 구하기

04

일차함수식 두 개를 주고 그래프의 교점을 구하라고 하는 경우가 있어.
이럴 때는 연립방정식을 풀 듯이 풀면 돼. 두 그래프의 교점은 결국 두
식을 모두 만족시키지 않겠어?

 그래프의 교점은 연립방정식의 해!

$y=x+3$과 $y=-2x+9$의 그래프의 교점에 대해 생각해 보자.

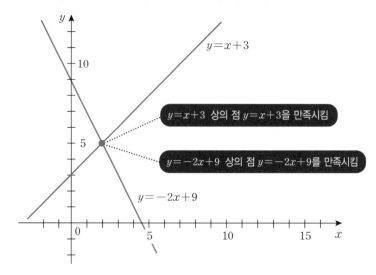

위의 그래프에서 알 수 있듯이

$y = x + 3$과 $y = -2x + 9$의 그래프의 교점은

$y = x + 3$ 상의 점, 그리고 $y = -2x + 9$ 상의 점이지.

그래프 상의 점은 그래프의 식을 만족시키므로,

$y = x + 3$을 만족시키고, 또한

$y = -2x + 9$를 만족시키는 x, y야.

결국 연립방정식

$y = x + 3 \qquad \cdots ①$

$y = -2x + 9 \quad \cdots ②$의 해야.

실제로 풀어서 검토해 볼까?

$y = x + 3 \qquad \cdots ①$을

$y = -2x + 9 \ \cdots ②$에 대입해.

$x + 3 = -2x + 9$

$x + 2x = 9 - 3$

$\qquad 3x = 6$

$\qquad x = 6 \times \dfrac{1}{3} = 2$

$$
\begin{array}{|c|}
\hline
y = x + 3 \qquad \cdots ① \\
\searrow \\
y = -2x + 9 \cdots ② \\
\hline
\end{array}
$$

이것을 ①에 대입해.

$y = 2 + 3 = 5$

$$
\begin{array}{|c|}
\hline
2 \\
\downarrow \\
y = x + 3 \ \cdots ① \\
\hline
\end{array}
$$

연립방정식의 해는 $x=2$, $y=5$가 될 거야.

실제로 그래프를 그려 보자.

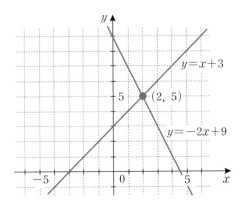

확실히 $y=x+3$과 $y=-2x+9$의 그래프의 교점은 연립방정식

$$y=x+3 \qquad \cdots ①$$
$$y=-2x+9 \cdots ②$$

의 해가 되지.

두 그래프의 교점이
연립방정식의 해라는 걸
알면 그래프를 그리지
않아도 풀 수 있어.

실전
문제

$y=-2x$와 $y=3x-10$의 그래프의 교점의 좌표를 구하세요.

$y=-2x \quad \cdots$ ①

$y=3x-10 \quad \cdots$ ②

①을 ②에 대입해.

$$-2x=3x-10$$

$$-3x-2x=-10$$

$$-5x=-10$$

$$x=-10\times\left(-\frac{1}{5}\right)=2$$

$y=-2x \quad \cdots$ ①

$y=3x-10 \quad \cdots$ ②

이것을 ①에 대입해.

$$y=-2\times(2)=-4$$

정답 교점의 좌표는 $(2,\ -4)$

x축에 평행한 직선의 식 $(y=2$ $y=0\cdots)$
y축에 평행한 직선의 식 $(x=-2$ $x=0\cdots)$

★ x축에 평행한 직선의 식

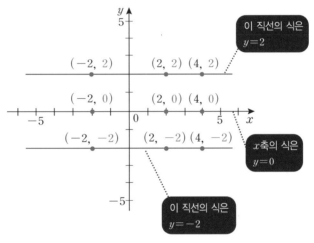

★ y축에 평행한 직선의 식

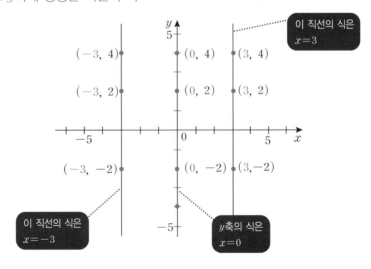

특히 x축의 식($y=0$), y축의 식($x=0$)은 자주 사용하게 될 테니

외워 둘 것.

예 $y=x+4$가 x축과 교차하는 점 A의 좌표와, y축과 교차하는 점 B
의 좌표를 구하시오.

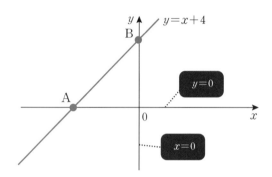

x축($y=0$)과 $y=x+4$의 교점 A를 구하면 되겠지?

그래프의 교점은 연립방정식

$y=0 \quad \cdots \text{①}$

$y=x+4 \quad \cdots \text{②}$

의 해가 될 거야.

①을 ②에 대입해.

$0=x+4$

$-x=4$

$x=-4 \quad$ 교점 A는 $(-4, 0)$이겠지.

y축($x=0$)과 $y=x+4$의 교점 B를 구해 보자.

그래프의 교점은 연립방정식

  $x=0$ ⋯ ①

  $y=x+4$ ⋯ ②

의 해가 되겠지?

①을 ②에 대입해.

  $y=0+4$

  $y=4$ 교점 B는 $(0, 4)$가 될 거야.

x축에 평행하면 $y=$숫자
y축에 평행하면 $x=$숫자
헷갈리면 안 돼~!

아래 그림의 A점, B점, C점의 좌표를 구하세요.

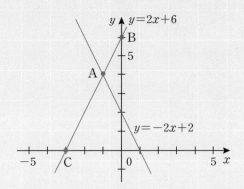

A점의 x좌표, y좌표는 연립방정식

(   ) $\cdots$ ①

(   ) $\cdots$ ②의 해일 거야.

A (,   )

B점의 x좌표, y좌표는 연립방정식

(   ) $\cdots$ ①

(   ) $\cdots$ ②의 해일 거야.

B (,   )

C점의 x좌표, y좌표는 연립방정식

(   ) $\cdots$ ①

(   ) $\cdots$ ②의 해일 거야.

C (,   )

A점의 x좌표, y좌표는 연립방정식

$$(y=2x+6) \quad \cdots ①$$

$$(y=-2x+2) \quad \cdots ②의 \ 해일 \ 거야.$$

①을 ②에 대입해.

$$2x+6=-2x+2$$

$$2x+2x=2-6$$

$$4x=-4$$

$$x=-1$$

이것을 ①에 대입해.

$$y=2\times(-1)+6=4$$

$$A(-1,\ 4)$$

B점의 x좌표, y좌표는 연립방정식

$$(x=0) \quad \cdots ①$$

$$(y=2x+6) \quad \cdots ②의 \ 해일 \ 거야.$$

①을 ②에 대입해.

$$y=2\times(0)+6=6$$

$$B(0,\ 6)$$

C점의 x좌표, y좌표는 연립방정식

$$(y=0) \quad \cdots ①$$

$$(y=2x+6) \quad \cdots ②의 \ 해일 \ 거야.$$

①을 ②에 대입해.

$$0=2x+6$$

$$-2x=6$$

$$x=6\times(-\frac{1}{2})$$

$$x=-3$$

$$C(-3,\ 0)$$

그림과 같이 절편이 4이고 A점 $(-2,\ 0)$을 지나는 직선 m과, B점 $(5,\ 5)$와 C점 $(10,\ 0)$을 지나는 직선 n이 D점에서 교차 합니다. 이때

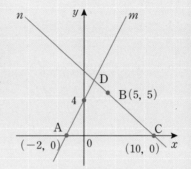

1 직선 m의 식

2 직선 n의 식

3 D점의 좌표

를 빈칸을 채워 구하세요.

1 일차함수이므로 $y=($ $)$ $\cdots$ ①

절편 4이므로 $($ $)=4$ $\cdots$ ②

A점 $(-2,\ 0)$을 지나므로

$($ $)$ $\cdots$ ③

②를 ③에 대입. $($ $)$

이것을 풀어서 $a=($ $)$ m의 식은 $y=($ $)$

2 일차함수이므로 $y=($ $)$ $\cdots$ ①

B점 $(5,\ 5)$를 지나므로

$($ $)$ $\cdots$ ②

C점 $(10,\ 0)$을 지나므로

$($ $)$ $\cdots$ ③

②, ③을 풀어서 $a=($ $)$ $b=($ $)$

n의 식은 $y=($ $)$

③ m의 식 $y=($　　　　$)$ … ①

n의 식 $y=($　　　　$)$ … ②

①을 ②에 대입하여

$($　　　$)=($　　　　$)$

이것을 풀어서 $x=($　　　$)$

①에 대입하여 풀면

$y=($　　　$)$ 교점 D $($　　 , 　　$)$

① 일차함수이므로 $y=(ax+b)$ … ①

절편 4이므로 $(b)=4$ … ②

A점 $(-2, 0)$을 지나므로

$(0=-2a+b)$ … ③ ⋯⋯ 　**그래프 상의 점은 그래프의 식을 만족시킨다**

②를 ③에 대입.

$(0=-2a+4)$

이것을 풀어서 $a=(2)$ m의 식은 $y=(2x+4)$

② 일차함수이므로 $y=(ax+b)$ … ①

B점 $(5, 5)$를 지나므로

$(5=5a+b)$ … ②

C점 $(10, 0)$을 지나므로

$(0=10a+b)$ … ③

②, ③을 풀어서

$a=(-1)$ $b=(10)$ ◀⋯⋯⋯

n의 식은 $y=(-x+10)$

$$-5a-b=-5 \quad \cdots\text{②를 이항}$$
$$-)\,-10a-b=0 \quad \cdots\text{③을 이항}$$
$$\overline{5a=-5}$$
$$a=-1$$

②에 대입.
$5=5\times(-1)+b$
$-b=-5-5=-10$
$b=10$

③ m의 식 $y=(2x+4)$ … ①

n의 식 $y=(-x+10)$ … ②

①을 ②에 대입하여

$(2x+4)=(-x+10)$ ┈┈┈┈ 그래프의 교점은 연립방정식의 해

이것을 풀어서 $x=(2)$ ◀┈┈

$$2x+x=-4+10$$
$$3x=6$$
$$x=2$$

①에 대입하여 풀면

$y=(8)$ 교점 D $(2,\ 8)$

여기까지 일차함수의 기초였어. 다들 이해했지?

앞으로는 응용문제를 풀게 될 거야.

다시 한번 복습!
그래프의 교점은
연립방정식의 해!

평행한 직선의
식을 묻는 문제

일차함수식 하나를 주고 그에 평행한 일차함수를 구하라고 하는 경우가 있어. 여기서 평행하다는 게 일종의 힌트야. 평행한 직선은 기울기가 같기 때문에 기울기를 가르쳐 주는 것이나 마찬가지지. 그러니까 절편만 구하면 되겠지?

 평행한 직선은 **기울기**가 같아!

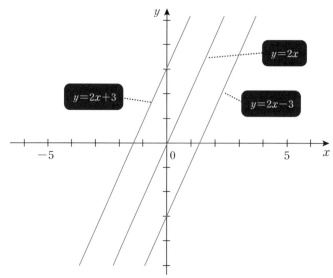

위의 그림과 같이 평행한 직선은 서로 기울기가 같아.

따라서

$y= 2x+3$에 평행 $\rightarrow$ $y=ax+b$에서 $a=2$

$y= 2x$에 평행 $\rightarrow$ $y=ax+b$에서 $a=2$

$y= 2x-3$에 평행 $\rightarrow$ $y=ax+b$에서 $a=2$

$y=-3x+3$에 평행하고 $(-2,\ 2)$를 지나는 직선의 식을 빈칸을 채워서 구하세요.

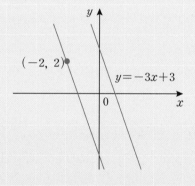

일차함수이므로 $y=($ ⓐ $)$

$y=-3x+3$에 평행하므로 $a=($ ⓑ $)$

$(-2,\ 2)$를 지나므로 $($ ⓒ $) = ($ ⓓ $)$

이제 풀면 돼.

구하는 직선의 식은 $y=($ ⓔ $)$

정답 ⓐ $ax+b$ ⓑ -3 ⓒ 2 ⓓ $-2a+b$ ⓔ $-3x-4$

세 직선이 한 점에서
교차하는 문제

06

세 직선이 한 점에서 교차할 때, 한 직선의 식을 구하라는 문제가 나오는 경우가 있어. 이런 문제는 직선이 세 개라서 헷갈릴 수 있지만 두 직선의 교점이 하나밖에 없다는 걸 생각하고 두 직선의 교점을 먼저 구한 뒤에 나머지를 구하면 쉽게 풀려. 한번 풀어 보자.

 세 직선이 한 점에서 교차한다
= 두 직선의 교점을 나머지가 지난다

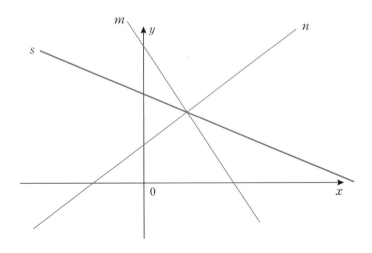

직선 m과 직선 n과 직선 s가 한 점에서 교차하고 있어.

= 직선 m과 직선 n의 교점을 직선 s가 지난다고 볼 수 있지.

📦 세 직선 $x+y=3$, $x-y=5$, $y=ax+7$이 한 점에서 교차할 때,
　　a의 값을 구하세요.

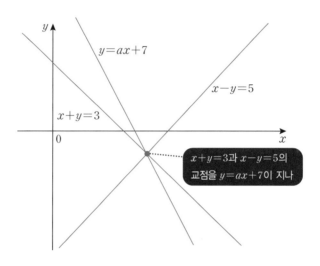

$$x+y=3 \quad \cdots ①$$
$$+\,)\ \underline{x-y=5} \quad \cdots ②$$
$$2x \quad =8$$

$$x=8\times\frac{1}{2} \quad \cdots\cdots\cdots \boxed{\text{그래프의 교점은 연립방정식의 해}}$$

$$x=4$$

이것을 ①에 대입해.

$$4+y=3$$
$$y=3-4=-1$$

$x+y=3$과 $x-y=5$의 교점은 $(4,\ -1)$이겠지.

$y=ax+7$이 $(4, -1)$을 지나기 때문에,

$-1=a\times(4)+7$ ············ **그래프 상의 점은 그래프의 식을 만족시킨다**

$-1=4a+7$

$-4a=7+1$

$-4a=8$

$a=8\times\left(-\dfrac{1}{4}\right)$

$a=-2$

 $y=-x+3$과 $y=x-5$의 교점을 구하라는 문제가 출제되는 경우

$y=-x+3$을 이항하면 $x+y=3$

$y=x-5$를 이항하면 $-x+y=-5$

다시 양변에 -1을 곱하면 $x-y=5$이므로

$x+y=3$과 $x-y=5$를 구하는 것이지.

이렇게 겉모습을 바꾸어 출제되는 경우가 종종 있어.

어느 쪽이든 그래프의 교점은 연립방정식의 해이므로

가감법이든 대입법이든 풀기 편한 쪽으로 풀면 돼.

세 직선 $ax+4y=6$, $4x+y=-3$, $2x+y=1$이 한 점에서 교차할 때의 a를 구하세요.

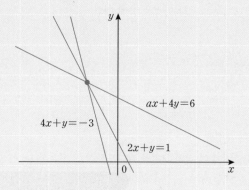

$$4x+y=-3 \quad \cdots ①$$
$$-\,)\ 2x+y=\ \ 1 \quad \cdots ②$$
$$(\quad)x=(\quad)$$

$x=(\quad)$ 이것을 ①에 대입.

$(\qquad)=-3$

$y=(\quad)$

①, ②의 교점은 $(\quad ,\quad)$

$ax+4y=6$이 이 교점을 지나므로

$(\qquad)=6$

정답 $a=(\quad)$

$$4x+y=-3 \cdots ①$$
$$-\underline{)\ 2x+y=1 \cdots ②}$$ ┈┈┈┈ 그래프의 교점은 연립방정식의 해

$$(2)x=(-4)$$

$$x=-4\times\left(\frac{1}{2}\right)$$

$$x=(-2) \text{ 이것을 ①에 대입.}$$

$$(4\times(-2)+y)=-3$$

$$-8+y=-3$$

$$y=8-3$$

$$y=(5)$$

①, ②의 교점은 $(-2,\ 5)$

$ax+4y=6$이 이 점의 교점을 지나므로

$$(a\times(-2)+4\times(5))=6$$ ┈┈┈┈ 그래프 상의 점은 그래프의 식을 만족시킨다

$$-2a+20=6$$

$$-2a=6-20$$

$$-2a=-14$$

$$a=-14\times\left(-\frac{1}{2}\right)$$

$$a=7$$

정답 $\ a=(7)$

속력, 시간, 거리에 대한 **문제**

07

함수에서도 속력, 시간, 거리를 묻는 문제가 있어. 항상 골치 아픈 문제지만 함수를 배웠으니 그래프로 풀면 돼. 일단 문장제를 식으로 옮겨서 일차함수식을 만들어 보자.

 먼저 그래프를 그려

속력, 시간, 거리에 대한 문제에서는 먼저 그래프를 그리는 것이 중요 포인트야. 이때 x는 무엇인지, y는 무엇인지를 확실하게 파악하는 것이 중요해.

예 A는 9시에 역을 나와서 4km/h로 산으로 향하고,
　　B는 10시에 역을 나와서 6km/h로 A를 쫓습니다.
　　A가 이 역을 나와서 x시간 후의 역과의 거리를 $y$km로,
　　A와 B의 상황을 다음 페이지의 그래프에 그리세요.

〈A에 대하여〉

$x=0$일 때, 역을 나오므로 $y=0\cdots$ (0, 0)

$x=1$일 때, 역을 나온 지 1시간 후야.

4km/h이므로, 역으로부터의 거리 y는 $4\times1=4$km야.

그래프는 (1, 4)를 지나.

〈B에 대하여〉

B는 10시에 역을 나와. 이는 A가 역을 나온 1시간 후이므로, $x=1$일 거야. 이때 B가 역을 나오므로 그래프는 $y=0\cdots$(1, 0)을 지날 거야.

B가 역을 나온 1시간 후, 이것은 A가 역을 나온 2시간 후이므로 $x=2$가 되지. 이때 B는 6km/h로 1시간을 갔으므로 역으로부터의 거리 y는 $6\times1=6$km일 거야. 그래프는 (2, 6)을 지나.

A와 B에 대하여 그래프의 점으로 그렸더니, 다음과 같은 그래프를 그릴 수 있네.

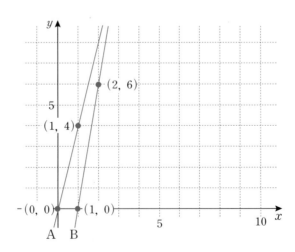

A시와 B시는 서로 24km 떨어져 있습니다. 철수는 A시를 나와서 2km/h로 B시로 향하고, 영희는 동시에 B시를 출발하여 6km/h의 속도로 A시로 향합니다. 출발하여 x시간 후 A시로부터 거리를 $y$km라고 하고, 아래의 물음에 답하세요.

① 철수와 영희의 그래프를 그리세요.
② 철수에 대하여 y를 x의 식으로 나타내세요.
③ 영희에 대하여 y를 x의 식으로 나타내세요.
④ 철수와 영희가 만나는 것은 몇 시간 후입니까?

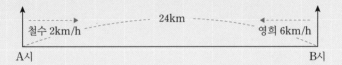

① 철수에 대하여

  $x=0$이고 $y=($ $)$이므로 $($ $,$ $)$을 지난다.

  $x=1$이고 $y=($ $)$이므로 $($ $,$ $)$를 지난다.

  영희에 대하여

  $x=0$이고 $y=($ $)$이므로 $($ $,$ $)$를 지난다.

  $x=1$이고 $y=($ $)$이므로 $($ $,$ $)$을 지난다.

  이렇게 알아낸 좌표를 가지고 그래프를 그려.

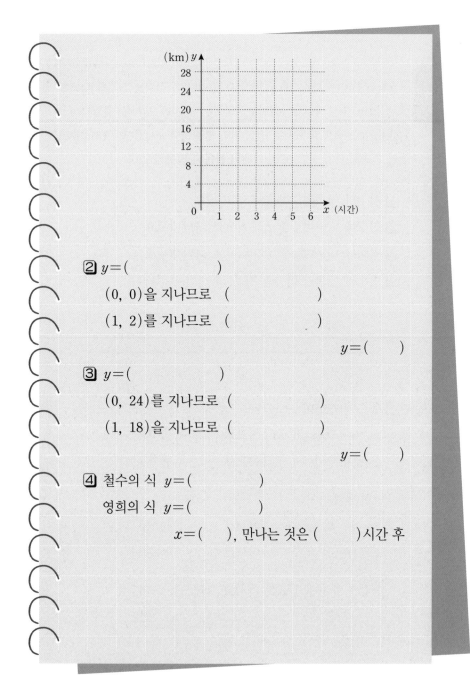

2 $y=($ $)$

   $(0, 0)$을 지나므로 (   )

   $(1, 2)$를 지나므로 (   )

                       $y=($ $)$

3 $y=($ $)$

   $(0, 24)$를 지나므로 (   )

   $(1, 18)$을 지나므로 (   )

                       $y=($ $)$

4 철수의 식 $y=($ $)$

   영희의 식 $y=($ $)$

         $x=($ $)$, 만나는 것은 (   )시간 후

1 철수에 대하여

    $x=0$이고 $y=(0)$이므로 $(0,\ 0)$을 지난다.

    $x=1$이고 $y=(2)$이므로 $(1,\ 2)$를 지난다.

영희에 대하여

    $x=0$이고 $y=(24)$이므로 $(0,\ 24)$를 지난다.

    $x=1$이고 $y=(18)$이므로 $(1,\ 18)$을 지난다.

이렇게 알아낸 좌표를 가지고 그래프를 그려.

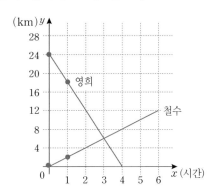

2 $y=(ax+b)$

    $(0,\ 0)$을 지나므로

    $(0=a\times 0+b)$ … ①

    $(1,\ 2)$를 지나므로

    $(2=a\times 1+b)$ … ②

    ①에 따르면 $b=0$ 이를 ②에 대입해.

    $2=a\times 1+0$

    $a=2$ $y=(2x)$

3 $y=(ax+b)$

    $(0,\ 24)$를 지나므로

    $(24=a\times 0+b)$ … ①

    $(1,\ 18)$을 지나므로

    $(18=a\times 1+b)$ … ②

①에 따르면 $b=24$ 이를 ②에 대입해.

$18=a\times1+24$

$a=-6$ $y=(-6x+24)$

④ 철수의 식 $y=(2x)$ ⋯ ①
영희의 식 $y=(-6x+24)$⋯ ②

①에 ②를 대입해.

$2x=-6x+24$

$2x+6x=24$

$8x=24$

$x=24\times\dfrac{1}{8}$

$x=(3)$, 만나는 것은 (3)시간 후

일차함수 문제가 나오면
먼저 그래프를 그려서
생각해 보자!

chapter 13

이차함수

이차함수는 가장 높은 차수가 이차인 함수야. 이차함수는 일차함수와 그래프부터 달라. 구체적으로 어떻게 다른지 하나씩 알아 보기로 하자.

이차함수란?

01

이제 이차함수를 배워 보자. 가장 높은 차수가 이차인 방정식이 이차방
정식인 걸 기억하지? 그러면 이차함수는 뭐겠어? 그래! 가장 높은 차수
가 이차인 함수야. 일차함수와 이차함수는 여러 면에서 차이가 있는데
앞으로 하나씩 살펴보도록 하자.

이차함수의 구체적인 예는

$$y=x^2 \qquad y=2x^2 \qquad y=3x^2$$
$$y=-x^2 \qquad y=-2x^2 \qquad y=-3x^2 \cdots\cdots \text{ 등이야.}$$

따라서 이것들을 정리하여

$$y=ax^2(a \neq 0)$$

이라고 적어.

이차함수 그래프 그리기

02

이차함수의 그래프는 일차함수와는 생긴 것부터 달라. 직선인 일차함수와는 달리 둥근 모양이지. 어떻게 그려야 하는지 아직 감이 잘 안 오겠지만 쉽게 그릴 수 있는 요령이 있어. 그게 뭐냐고?

 그래프는 점으로 그려라!

일차함수의 경우와 같아.

예 $y = x^2$의 그래프를 그리세요.

$x = -3$일 때 $y = (-3)^2 = 9$ ··· A점 $(-3, 9)$를 지나.

$x = -2$일 때 $y = (-2)^2 = 4$ ··· B점 $(-2, 4)$를 지나.

$x = 0$일 때 $y = (0)^2 = 0$ ··· C점 $(0, 0)$을 지나.

$x = 2$일 때 $y = (2)^2 = 4$ ··· D점 $(2, 4)$를 지나.

$x = 3$일 때 $y = (3)^2 = 9$ ··· E점 $(3, 9)$를 지나.

A점, B점, C점, D점, E점을 연결하면 $y=x^2$의 그래프를 그릴 수 있지.

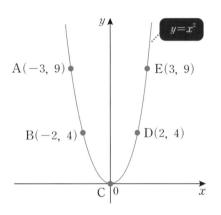

빈칸을 채워 $y=2x^2$의 그래프를 그리세요.

$x=-2$일 때 $y=2\times($ $)^2=($)A점(,)을 지나.

$x=-1$일 때 $y=2\times($ $)^2=($)B점(,)를 지나.

$x=0$일 때 $y=2\times($ $)^2=($)C점(,)을 지나.

$x=1$일 때 $y=2\times($ $)^2=($)D점(,)를 지나.

$x=2$일 때 $y=2\times($ $)^2=($)E점(,)을 지나.

A점, B점, C점, D점, E점을 연결하면 $y=2x^2$의 그래프를 그릴 수 있지.

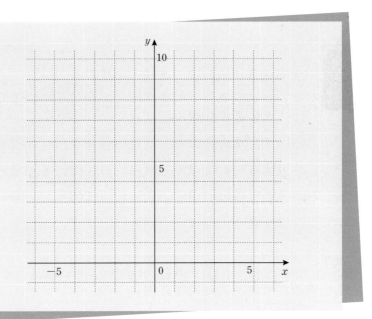

$x=-2$일 때 $\quad y=2\times(-2)^2=(8)\quad$ A점$(-2,\ 8)$을 지나.

$x=-1$일 때 $\quad y=2\times(-1)^2=(2)\quad$ B점$(-1,\ 2)$를 지나.

$x=0$일 때 $\quad\ \ y=2\times(0\ \ )^2=(0)\quad$ C점$(0,\ 0)$을 지나.

$x=1$일 때 $\quad\ \ y=2\times(1\ \ )^2=(2)\quad$ D점$(1,\ 2)$를 지나.

$x=2$일 때 $\quad\ \ y=2\times(2\ \ )^2=(8)\quad$ E점$(2,\ 8)$을 지나.

A점, B점, C점, D점, E점을 연결하면 $y=2x^2$의 그래프를 그릴 수 있지.

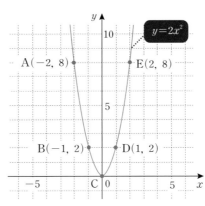

빈칸을 채워 $y=-2x^2$의 그래프를 그리세요.

$x=-2$일 때 $y=-2\times(\quad)^2=(\quad)$ A점$(\quad,\quad)$을 지나.

$x=-1$일 때 $y=-2\times(\quad)^2=(\quad)$ B점$(\quad,\quad)$를 지나.

$x=0$일 때 $\;y=-2\times(\quad)^2=(\quad)$ C점$(\quad,\quad)$을 지나.

$x=1$일 때 $\;\;y=-2\times(\quad)^2=(\quad)$ D점$(\quad,\quad)$를 지나.

$x=2$일 때 $\;\;y=-2\times(\quad)^2=(\quad)$ E점$(\quad,\quad)$을 지나.

A점, B점, C점, D점, E점을 연결하면 $y=-2x^2$의 그래프를
그릴 수 있지.

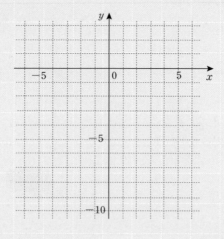

$x=-2$일 때 $y=-2\times(-2)^2=(-8)$ A점$(-2,\ -8)$을 지나.

$x=-1$일 때 $y=-2\times(-1)^2=(-2)$ B점$(-1,\ -2)$를 지나.

$x=0$일 때 $y=-2\times(0)^2=(0)$ C점$(0,\ 0)$을 지나.

$x=1$일 때 $y=-2\times(1)^2=(-2)$ D점$(1,\ -2)$를 지나.

$x=2$일 때 $y=-2\times(2)^2=(-8)$ E점$(2,\ -8)$을 지나.

A점, B점, C점, D점, E점을 연결하면 $y=-2x^2$의 그래프를 그릴 수 있지.

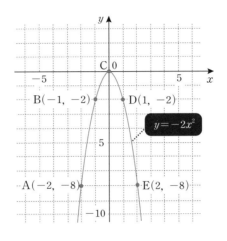

이차함수의 그래프를 그릴 때에도 이렇게 x값을 몇 개 넣어서 좌표를 구하면 돼.

이차함수의 그래프를 포물선이라고 해

이차함수의 그래프를 포물선이라고 불러.

그리고 축과 정점은 아래의 그림과 같아.

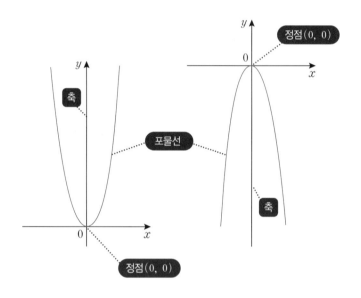

일차함수는 직선 그래프.
이차함수는 포물선 그래프.

$y=ax^2$은 $a>0$일 때, 위로 열리는 포물선

$a<0$일 때, 아래로 열리는 포물선

★ $a>0$일 때

$y=2x^2\,(a=2)$ $y=3x^2\,(a=3)$ …의 그래프를

점을 찍어 그리면, 아래와 같이 될 거야.

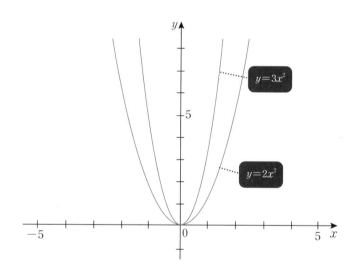

이처럼 기울기 a가 0보다 크면 위로 열린 포물선이 되지.

★ $a < 0$일 때

$y = -2x^2 \ (a=-2)$ $y = -3x^2 \ (a=-3)$ …의 그래프를

점을 찍어 그리면 아래와 같이 될 거야.

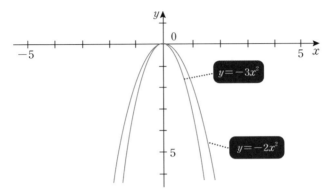

이처럼 기울기 a가 0보다 작으면 아래로 열린 포물선이 되지.

다음 함수의 그래프에 대하여 질문에 답하세요.

가. $y = -3x^2$ 나. $y = 5x^2$ 다. $y = -\dfrac{1}{2}x^2$

라. $y = -6x^2$ 마. $y = \dfrac{2}{3}x^3$ 바. $y = -4x^2$

1️⃣ 아래로 열려 있는 것은 어떤 것입니까?

2️⃣ 위로 열려 있는 것은 어떤 것입니까?

정답 1️⃣ 가, 다, 라, 바 2️⃣ 나, 마

이차함수의 $(y$의$)$ 최댓값, 최솟값, y의 범위

03

x의 범위를 주고 y의 최댓값, 최솟값, y의 범위를 구하는 문제가 나올 경우가 있어. 이럴 때는 주어진 식으로 그래프를 만들고 가장 낮은 곳과 가장 높은 곳을 구하면 돼. 이를 쉽게 푸는 방법은?

 그래프 위를 왼쪽에서 오른쪽으로 걷는다고 생각해

예 $y=x^2$의 $-2 \leq x \leq 3$에 있어서의 최댓값, 최솟값 및 y의 범위를 구하세요.

먼저 그래프를 그려.

$x=-2$일 때　$y=(-2)^2=4$　$(-2,\ 4)$를 지나.

$x=0$일 때　　$y=(0)^2=0$　　$(0,\ 0)$을 지나.

$x=3$일 때　　$y=(3)^2=9$　　$(3,\ 9)$를 지나.

이걸 보면 $y=x^2$의 $-2 \leq x \leq 3$에 있어서의 그래프는 다음과 같이 되는 거지.

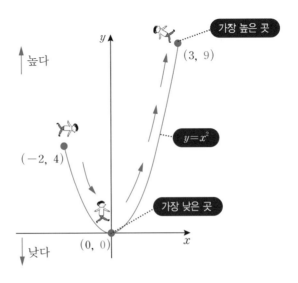

그래프 위를 왼쪽에서부터 오른쪽으로 화살표 → 처럼 걸어 보고,

최댓값은 가장 높은 곳의 y좌표 9 ($x=3$일 때)

최솟값은 가장 낮은 곳의 y좌표 0 ($x=0$일 때)

y의 범위는 최솟값부터 최댓값까지이므로 $0 \leq y \leq 9$

예 $y=-2x^2$의 $-1 \leq x \leq 2$에 있어서 최댓값, 최솟값 및 y의 범위를
구하세요.

먼저 그래프를 그려.

$x=-1$일 때 $y=-2 \times (-1)^2 = -2$ $(-1, -2)$를 지나.

$x=0$일 때 $y=-2 \times (0)^2 = 0$ $(0, 0)$을 지나.

$x=2$일 때 $y=-2 \times (2)^2 = -8$ $(2, -8)$을 지나.

이걸 보면 $y=-2x^2$의 $-1 \leq x \leq 2$에 있어서의 그래프는 다음과
같이 되는 거지.

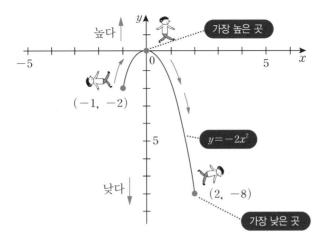

그래프 위를 왼쪽에서부터 오른쪽으로 화살표 → 처럼 걸어 보고,

최댓값은 가장 높은 곳의 y좌표 0 ($x=0$일 때)

최솟값은 가장 낮은 곳의 y좌표 -8 ($x=2$일 때)

y의 범위는 최솟값부터 최댓값까지이므로 $-8 \le y \le 0$

최솟값과 최댓값은
그래프로 그려 보면
바로 알 수 있군!

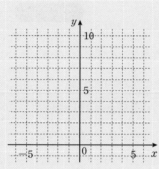

$y=x^2$의 $1\leq x\leq3$에 있어서의 최댓값, 최솟값 및 y의 범위를 구하세요.

먼저 그래프를 그려.

$x=1$일 때 $y=$ (,)을 지나.

$x=2$일 때 $y=$ (,)를 지나.

$x=3$일 때 $y=$ (,)를 지나.

그러므로 그래프는 왼쪽과 같이 되겠지?

그래프로부터,

최댓값은 (   )

최솟값은 (   )

y의 범위는 (   )

정답과 해설

$x=1$일 때 $y=(1)^2=1$ $(1, 1)$을 지나.

$x=2$일 때 $y=(2)^2=4$ $(2, 4)$를 지나.

$x=3$일 때 $y=(3)^2=9$ $(3, 9)$를 지나.

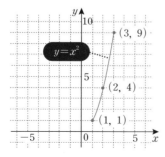

그래프로부터, 최댓값은 (9)

〈최댓값은 가장 높은 곳의 y좌표〉

최솟값은 (1)

〈최솟값은 가장 낮은 곳의 y좌표〉

y의 범위는 $(1\leq y\leq9)$

$y=-2x^2$의 $-2\leq x\leq1$에 있어서의 최댓값, 최솟값 및 y의 범위

를 구하세요.

먼저 그래프를 그려.

$x=-2$일 때 $y=$ (,   )을 지나.

$x=0$일 때 $y=$ (,   )을 지나.

$x=1$일 때 $y=$ (,   )를 지나.

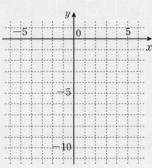

그러므로 그래프는 왼쪽과 같

이 되겠지?

그래프로부터,

최댓값은 (   )

최솟값은 (   )

y의 범위는 (   )

$x=-2$일 때 $y=-2\times(-2)^2=-8$ $(-2,\ -8)$을 지나.

$x=0$일 때 $y=-2\times(0)^2=0$ $(0,\ 0)$을 지나.

$x=1$일 때 $y=-2\times(1)^2=-2$ $(1,\ -2)$를 지나.

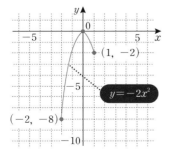

그래프로부터, 최댓값은 (0)

〈최댓값은 가장 높은 곳의 y좌표〉

최솟값은 (-8)

〈최솟값은 가장 낮은 곳의 y좌표〉

y의 범위는 $(-8\leq y\leq0)$

이차함수의 식을
구하기

이제 이차함수의 식을 구해 볼 거야. 일차함수가 $y=ax+b$의 기본형
이 있는 것처럼 이차함수도 일단 기본형을 만들어 놓고, 주어진 점의 좌
표가 식을 만족시킬 수 있도록 만들어.

 이차함수라고 주어지면 일단 $y=ax^2$으로 놓는 거야
그래프 상의 점은 그래프의 식을 만족시킨다는 거
잊지 않았지?

일차함수라고 주어지면 $y=ax+b$로 놓았지.
이것이 $(3,\ 1)$을 지날 때,
그래프 상의 점은 그래프의 식을 만족시키므로,
$1=a\times(3)+b$라고 했지?
이차함수도 같은 방법으로 풀어.

예 y는 x의 이차함수로 $(-2,\ 8)$을 지납니다. 이때, y를 x의 식으로
나타내세요.

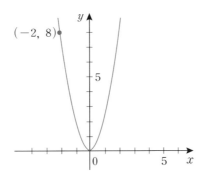

이차함수이므로 ($y=ax^2$)

$(-2,\ 8)$을 지나므로

$8=a\times(-2)^2$ ····················· 그래프 상의 점은 그래프의
식을 만족시킨다

$8=4a$

$-4a=-8$

$a=-8\times\left(-\dfrac{1}{4}\right)$

$a=2$

구하는 이차함수는 $y=(2x^2)$

일차함수의 기본형은
$y=ax+b$
이차함수의 기본형은
$y=ax^2$

빈칸에 알맞은 답을 써넣으세요.

y는 x의 이차함수로 $(2, -2)$를 지납니다.

이때, y를 x의 식으로 나타내세요.

이차함수이므로 $y = ($ $)$ … ①

$(2, -2)$를 지나므로

$($ $) = a \times ($ $)^2$

$a = ($ $)$ 이것을 ①에 대입.

$y = ($ $)$

정답과 해설

이차함수이므로 $y = (ax^2)$ … ①

$(2, -2)$를 지나므로

$(-2) = a \times (2)^2$ ....

> 그래프 상의 점은 그래프의 식을 만족시킨다

$-2 = 4a$

$-4a = 2$

$a = 2 \times \left(-\dfrac{1}{4}\right)$

$a = \left(-\dfrac{1}{2}\right)$ 이것을 ①에 대입.

$y = \left(-\dfrac{1}{2}x^2\right)$

아래의 이차함수 그래프의 식을 구하세요.

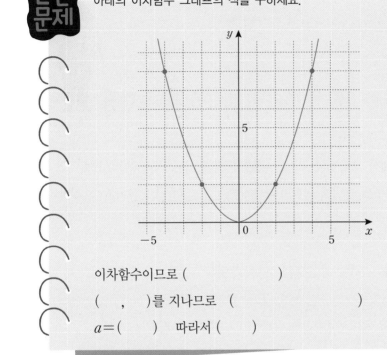

이차함수이므로 (   )

(,   )를 지나므로 (   )

$a = ($ $)$ 따라서 (   )

이차함수이므로 $(y = ax^2)$ ⋯ ①

$(2,\ 2)$를 지나므로

$\qquad 2 = a \times (2)^2$

$\qquad 2 = 4a$

$-4a = -2$

$\qquad a = -2 \times \left(-\dfrac{1}{4}\right)$

$a = \left(\dfrac{1}{2}\right)$ 따라서 $\left(y = \dfrac{1}{2}x^2\right)$

> 그래프 상의 점은 그래프의 식을 만족시킨다

> 그래프는 점의 모임이므로, 그래프 상의 점은 $(-4, 8)(-2, 2)$ $(2, 2)(4, 8)$⋯로 많이 있을 수 있어. 여기서는 한 예로 $(2, 2)$를 사용하였는데, 다른 좌표로 해도 돼

그래프의 교점 구하기

05

일차함수에서 그래프의 교점은 연립방정식의 해였지? 이차함수에서도 마찬가지야. 단 이번엔 교점이 하나가 아닐 수 있으니까 그 점만 조심하면 돼.

 그래프의 교점은 연립방정식의 해!

일차함수 $y=2x+3$과 $y=-x+9$의 그래프의 교점은,
연립방정식

$\quad y=2x+3 \quad \cdots \text{①}$

$\quad y=-x+9 \quad \cdots \text{②}$

의 해였지.
이차함수에서도 마찬가지야.
$y=x^2$과 $y=x+2$의 교점으로 생각해 보자.

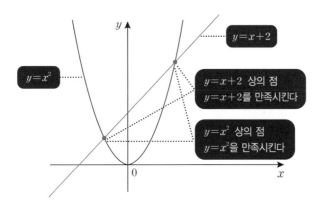

위의 그래프와 같이,

$y=x+2$와 $y=x^2$의 그래프의 교점은

$y=x+2$ 상의 점이면서 $y=x^2$ 상의 점이야.

⬇

그래프 상의 점은 그래프의 식을 만족시키므로,

$y=x+2$를 만족시키고 또한 $y=x^2$을 만족시키는 x, y가 되겠지.

⬇

결국, 연립방정식

$\quad y=x+2 \;\cdots$

$\quad y=x^2 \qquad \cdots$ 의 해가 될 거야.

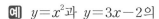 $y{=}x^2$과 $y{=}3x{-}2$의
그래프의 교점 A와 B의 좌표를
구하세요.

$y{=}x^2 \quad \cdots ①$

$y{=}3x{-}2 \cdots ②$

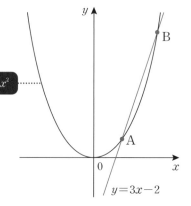

$y{=}x^2$

$y{=}3x{-}2$

① 을 ②에 대입해.

$x^2{=}3x{-}2$ ◀ ······

$y{=}x^2 \quad \cdots ①$

$y{=}3x{-}2 \cdots ②$

$x^2{-}3x{+}2{=}0$ ·······················

이차방정식이므로, 이항하여
$ax^2{+}bx{+}c{=}0$의 모양으로
만들어

$(x{-}1)(x{-}2){=}0$

$x{-}1{=}0$	$x{-}2{=}0$
↓	↓
$x{=}1$	$x{=}2$
(A점의 x좌표)	(B점의 x좌표)
↓	↓
①에 대입.	①에 대입.
$y{=}(1)^2{=}1$	$y{=}(2)^2{=}4$
↓	↓
A점$(1, 1)$	B점 $(2, 4)$

$y=-x^2$과 $y=x-2$의 그래프의 교점 A와 B의 좌표를 구하세요.

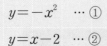

$y=-x^2 \quad \cdots \text{①}$

$y=x-2 \quad \cdots \text{②}$

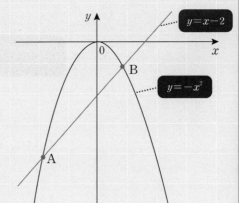

①을 ②에 대입해.

$(\qquad)=(\qquad)$

이제 풀면 돼.

정답 A점(,) B점(,)

$y = -x^2 \cdots$ ①

$y = x - 2 \cdots$ ②

①을 ②에 대입해.

$(-x^2) = (x - 2)$ ◀········

$$\boxed{\begin{array}{l} y = -x^2 \cdots ① \\ \\ y = x - 2 \cdots ② \end{array}}$$

$-x^2 - x + 2 = 0$ ········

이차방정식이므로, 이항하여 $ax^2 + bx + c = 0$의 모양으로 만들어

양변에 -1을 곱해.

$x^2 + x - 2 = 0$ ◀·········

$$\boxed{\begin{array}{ccccccc} -x^2 & -x & & +2 & = & 0 \\ \downarrow{\times-1} & \downarrow{\times-1} & \downarrow{\times-1} & \downarrow{\times-1} & & \\ x^2 & +x & & -2 & = & 0 \end{array}}$$

$(x + 2)(x - 1) = 0$

$x + 2 = 0$	$x - 1 = 0$
↓	↓
$x = -2$	$x = 1$
(A점의 x좌표)	(B점의 x좌표)
↓	↓
②에 대입.	②에 대입.
$y = (-2) - 2$	$y = (1) - 2$
$y = -4$	$y = -1$
↓	↓
A점$(-2, -4)$	B점 $(1, -1)$

정답 A점$(-2, -4)$ B점$(1, -1)$

$y = 2x + 4$는 y축과 점 C에서 교차하고, $y = 2x^2$과 두 점 A, B에서 교차하고 있습니다. 다음 물음에 답하세요.

1 두 점 A, B의 좌표를 구하세요.

2 △OAB의 넓이를 구하세요.

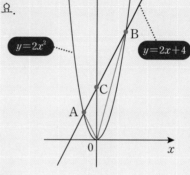

1 $y = 2x + 4 \cdots$ ①

 $y = 2x^2 \quad \cdots$ ②

②를 ①에 대입.

( ) = ( )

이제 풀면 돼.

정답 A (,) B (,)

2 $y = 2x + 4$가 y축과 교차하는 점 C의 좌표를 구하세요.

 $x = ($ $) \cdots$ ①

 $y = 2x + 4 \quad \cdots$ ②

①을 ②에 대입.

 $y = ($ $)$

 $y = ($ $)$

y축과의 교점 C는 (,)

△OAB = △OAC + △OBC

 =

정답 △OAB = ( )

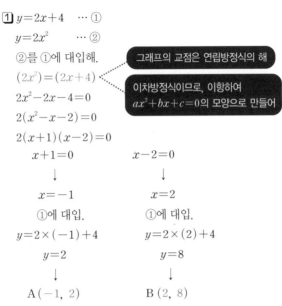

1 $y=2x+4$ ···①

$y=2x^2$ ···②

②를 ①에 대입.

$(2x^2)=(2x+4)$

그래프의 교점은 연립방정식의 해

이차방정식이므로, 이항하여 $ax^2+bx+c=0$의 모양으로 만들어

$2x^2-2x-4=0$

$2(x^2-x-2)=0$

$2(x+1)(x-2)=0$

$x+1=0$ $x-2=0$

↓ ↓

$x=-1$ $x=2$

①에 대입. ①에 대입.

$y=2\times(-1)+4$ $y=2\times(2)+4$

$y=2$ $y=8$

↓ ↓

$\text{A}(-1,\ 2)$ $\text{B}(2,\ 8)$

2 $y=2x+4$의 y축과 교차하는

점 C의 좌표를 구해.

$x=(0)$ ···①

$y=2x+4$ ···②

①을 ②에 대입.

$y=(2\times(0)+4)$

$y=(4)$

y축과의 교점 C는 $(0,\ 4)$

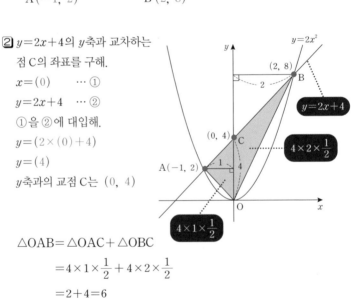

$\triangle\text{OAB}=\triangle\text{OAC}+\triangle\text{OBC}$

$\qquad =4\times1\times\dfrac{1}{2}+4\times2\times\dfrac{1}{2}$

$\qquad =2+4=6$

$\triangle\text{OAB}=(6)$

빈칸에 알맞은 답을 써넣으세요.

오른쪽의 포물선과 직선에 대하여 아래의 것을 구하세요.

① 포물선 m의 식

② 직선 n의 식

③ A점의 좌표

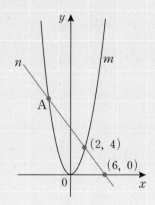

① $y=($ $)$로 놓는다.

    $($, $)$를 지나므로

    $($ $)$

    $a=($ $)$, $y=($ $)$

② $y=($ $)$로 놓는다.

    $($, $)$를 지나므로 $($ $)\cdots$ ①

    $($, $)$을 지나므로 $($ $)\cdots$ ②

    이것을 풀어서 $a=($ $)$, $b=($ $)$이므로

    $y=($ $)$

③ m의 식은 $y=($ $)\cdots$ ①

n의 식은 $y=($ $)\cdots$ ②

①을 ②에 대입.

$(\quad)=($ $)$

이것을 풀면

$x=(\quad)$, $x=(\quad)\cdots$ A점의 x좌표

이것을 ②에 대입. $y=(\quad)=(\quad)$

A점의 좌표는 $(\quad,\quad)$

① $y=(ax^2)$로 놓는다.

$(2,\ 4)$를 지나므로

$(4=a\times(2)^2)$ ················· 그래프 상의 점은 그래프의 식을 만족시킨다

$4=4a$

$a=(1)$, $y=(x^2)$

② $y=(ax+b)$로 놓는다.

$(2,\ 4)$를 지나므로 $(4=2a+b)\cdots$ ① ·········· 그래프 상의 점은 그래프의 식을 만족시킨다

$(6,\ 0)$을 지나므로 $(0=6a+b)\cdots$ ②

$\quad\ -2a-b=-4\ \cdots$ ①을 이항하여

$-)\ -6a-b=0\ \cdots$ ②를 이항하여

$\quad\quad 4a\quad=-4$

$\quad\quad\ a\quad=-1$ ①에 대입.

$\quad\quad\quad 4=2\times(-1)+b$ ◀········

$\quad\quad\quad -b=-2-4$

$\quad\quad\quad -b=-6$

$\quad\quad\quad\ b=6$

$a=-1$
$\downarrow$
$4=2a+b\ \cdots$ ①

$a = (-1)$ $b = (6)$이므로

$y = (-x + 6)$

③ m의 식은 $y = (x^2)$ $\cdots$ ①

n의 식은 $y = (-x + 6)$ $\cdots$ ②

①을 ②에 대입.

$(x^2) = (-x + 6)$

> 그래프의 교점은 연립방정식의 해

$$y = x^2 \quad \cdots ①$$
$$y = -x + 6 \quad \cdots ②$$

$x^2 + x - 6 = 0$ $\cdots\cdots\cdots\cdots$

> 이차방정식이므로 이항하여
> $ax^2 + bx + c = 0$의 형태

$(x - 2)(x + 3) = 0$

$x - 2 = 0$ $\quad$ $x + 3 = 0$

$x = (2)$, $x = (-3)$ $\cdots$ A점의 x좌표

이것을 ②에 대입.

$y = (-(-3) + 6) = (9)$

A점의 좌표는 $(-3,\ 9)$

이차함수와 일차함수의
교점을 구하는 문제는
이차방정식이라고
생각하면 돼!

y의 증가량과 변화의 비율

06

이번에는 y의 증가량과 변화의 비율을 묻는 문제를 풀어 보자. 이런 문제는 보통 x값을 정해 주게 마련이야. 그 x값을 주어진 식에 대입해 좌표를 구하면 돼.

 y의 증가량은 두 점의 **좌표**로 풀면 간단해!

예 $y=x^2$에서 x의 값이 2에서 4까지 증가할 때의 y의 증가량을 구하세요.

y의 증가량을 물으면 두 점의 좌표로 풀면 돼.

$x=2$일 때 $y=(2)^2=4$

$x=4$일 때 $y=(4)^2=16$

두 점의 좌표는 $(2,\ 4)$ $(4,\ 16)$이야.

y의 값은 $4 \rightarrow 16$이므로

y의 증가량은 $(16-4=)12$이지.

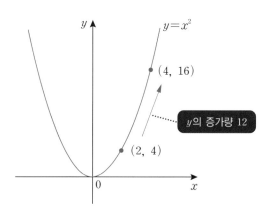

$y=x^2$에서 x의 값이 -3에서 -1까지 증가할 때, y의 증가량을 구하세요.

$x=-3$일 때 $y=(\quad)^2=(\quad)$

$x=-1$일 때 $y=(\quad)^2=(\quad)$

두 점의 좌표는 $(-3,\ \ )$ $(-1,\ \ )$일 거야.

y의 값은 $(\quad)\rightarrow(\quad)$이므로,

y의 증가량은 $(\quad)-(\quad)=(\quad)$이 되겠지.

y의 증가량을 물으면 두 점의 좌표로 풀면 돼.

$x=-3$일 때 $y=(-3)^2=(9)$

$x=-1$일 때 $y=(-1)^2=(1)$

두 점의 좌표는 $(-3,\ 9)\ (-1,\ 1)$일 거야.

y의 값은 $(9)\ \rightarrow\ (1)$이므로,

y의 증가량은 $(1)-(9)=(-8)$이 되겠지. 〈$=y$의 값은 8 작아졌어.〉

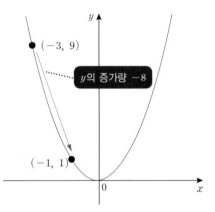

결국

x좌표의 큰 쪽 $(-1,\ 1)$의 y좌표 (1)에서

x좌표의 작은 쪽 $(-3,\ 9)$의 y좌표 (9)를 빼면 OK.

예 $y=ax^2$으로 놓고 x의 값이 2에서 3까지 증가할 때, y의 증가량은
15입니다. 이때 a의 값은 얼마입니까?

y의 증가량을 물어보면 두 점의 좌표로 풀면 돼.

$x=2$일 때 $y=a\times(2)^2=4a$

$x=3$일 때 $y=a\times(3)^2=9a$

두 점의 좌표는 $(2,\ 4a)(3,\ 9a)$가 되겠지.

y의 증가량은 x좌표의 큰 쪽 $(3,\ 9a)$의 y좌표 $(9a)$에서,

x좌표의 작은 쪽 $(2,\ 4a)$의 y좌표 $(4a)$를 빼므로,

$9a-4a$가 될 거야.

이것이 15이므로,

$9a-4a=15$

$\quad\quad 5a=15$

$\quad\quad\quad a=3$

한번 검산을 해 볼까?

$a=3$일 때 $y=3x^2$

$x=2$일 때 $y=3\times(2)^2=12$

$x=3$일 때 $y=3\times(3)^2=27$

두 점의 좌표는 $(2,\ 12)$ $(3,\ 27)$이 되겠지?

y의 증가량은 $27-12=15$가 될 거야.

$y=ax^2$으로 놓고 x의 값이 2에서 3까지 증가할 때, y의 증가량은 -10입니다. 이때 a의 값은 얼마입니까?

$x=2$일 때 $y=a\times(\quad)^2=(\quad)$

$x=3$일 때 $y=a\times(\quad)^2=(\quad)$

두 점의 좌표는 $(2,\quad)(3,\quad)$가 되겠지?

y의 증가량은 $(\quad)$ 이것이 -10이므로,

$(\quad)-(\quad)=-10$

정답 $a=(\quad)$

정답과 해설

$x=2$일 때 $y=a\times(2)^2=(4a)$

$x=3$일 때 $y=a\times(3)^2=(9a)$

두 점의 좌표는 $(2, 4a)(3, 9a)$가 되겠지?

y의 증가량은 $(9a-4a)$ 이것이 -10이므로,

$(9a)-(4a)=-10$

$$5a=-10$$

$$a=(-2)$$

정답 $a=(-2)$

변화 비율을 묻는 문제가 나오면
두 점의 좌표로 풀면 돼!

예 $y=x^2$에서 x의 값이 2에서 4까지 증가할 때의 변화 비율을 구하세요.

변화 비율을 물으면 두 점의 좌표로 풀면 돼.

$x=2$일 때 $y=(2)^2=4$
$x=4$일 때 $y=(4)^2=16$

두 점의 좌표는 $(2,\ 4)\ (4,\ 16)$이야.
변화 비율은, 아래와 같이 계산해.

$$\frac{16-4}{4-2} = \frac{12}{2} = 6$$

$(4,\ 16)\ (2,\ 4)$

이 계산은 다음과 같이 해도 돼.

$$\frac{4-16}{2-4} = \frac{-12}{-2} = 6$$

$(2,\ 4)\ (4,\ 16)$

$y=-2x^2$에서 x의 값이 1에서 3까지 증가할 때의 변화 비율을 구하세요.

$x=1$일 때 $y=-2\times(\quad)^2=(\quad)$

$x=3$일 때 $y=-2\times(\quad)^2=(\quad)$

두 점의 좌표는 $(1,\quad)(3,\quad)$이겠지.

변화 비율은

$$\frac{(\quad)-(\quad)}{(\quad)-(\quad)}=(\qquad\qquad)$$

정답과 해설

$x=1$일 때 $y=-2\times(1)^2=(-2)$

$x=3$일 때 $y=-2\times(3)^2=(-18)$

두 점의 좌표는 $(1,\ -2)(3,\ -18)$이겠지.

변화 비율은 아래와 같이 계산해.

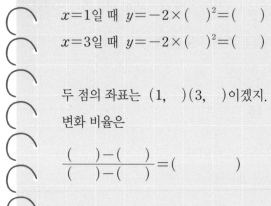

$$\frac{(-18)-(-2)}{(3)-(1)}=\frac{-18+2}{2}=(-8)$$

$(3,\ -18)(1,\ -2)$

정답 $\quad -8$

$y=ax^2$에 있어서, x의 값이 1에서 4까지 변할 때, 변화 비율은 10입니다. 이때 a의 값은 얼마입니까?

$x=1$일 때 $y=a\times(\quad)^2=(\quad)$

$x=4$일 때 $y=a\times(\quad)^2=(\quad)$

두 점의 좌표는 $(\quad,\quad)$ $(\quad,\quad)$ 겠지.

변화 비율은

$$\frac{(\quad)-(\quad)}{(\quad)-(\quad)}$$

이것이 10이므로,

$$\frac{(\quad)-(\quad)}{(\quad)-(\quad)}=(\quad)$$

이제 계산만 하면 돼.

정답 $a=(\quad)$

정답과 해설

변화 비율이라고 주어지면 두 점의 좌표로 풀면 돼.

$x=1$일 때 $y=a\times(1)^2=(a)$

$x=4$일 때 $y=a\times(4)^2=(16a)$

두 점의 좌표는 $(1,\ a)(4,\ 16a)$ 겠지.

변화 비율은 $\dfrac{(16a)-(a)}{(4)-(1)}$

이것이 10이므로 $\dfrac{(16a)-(a)}{(4)-(1)}=(10)$

$\dfrac{15a}{3}=10$ $5a=10$ $a=(2)$

정답 $a=(2)$

chapter **14**

비례와
반비례

이제 함수의 비례와 반비례에 대해서 알아볼 거야. 비례는 지금까지 배웠던 일차함수를 생각하면 되고, 반비례는 분모에 미지수 x가 들어간다고 생각하면 돼.

비례 · 반비례란?

01

실생활에서도 비례, 반비례한다는 말을 쓰곤 하지? 보통 비례한다고 하면 커진다는 뜻이고, 반비례한다고 하면 작아진다는 뜻으로 쓰이지. 하지만 수학에서는 다른 의미로 쓰인단다. 일단 한번 보자.

일단 외워!

비례 : $y=ax$ 반비례 : $y=\dfrac{a}{x}$

비례의 구체적인 예는

$$y=-2x \qquad y=-x \qquad y=x \qquad y=3x\cdots$$

따라서 이것들을 정리하여 $y=ax\ (a\neq0)$로 적어.

반비례의 구체적인 예는

$$y=-\dfrac{2}{x} \qquad y=-\dfrac{1}{x} \qquad y=\dfrac{1}{x} \qquad y=\dfrac{3}{x}\cdots$$

따라서 이것들을 정리하여 $y=\dfrac{a}{x}\ (a\neq0)$로 적지.

비례와 반비례의
그래프를 그리기

02

이제 그래프를 그려 보자. 비례는 앞에서 배웠던 일차함수 그래프를 생각하면 돼. 하지만 반비례 그래프는 좀 특이하게 생겼어. 어떻게 특이한지 볼까?

 그래프는 **점으로** 그려!

일차함수, 이차함수와 마찬가지야.

📘 $y=2x$ (비례)의 그래프를 그리세요.

  $x=-2$일 때 $y=2\times(-2)=-4$

  그래프는 A점$(-2,\ -4)$를 지나.

  $x=0$일 때 $y=2\times(0)=0$

  원점 $(0,\ 0)$을 지나.

  $x=2$일 때 $y=2\times(2)=4$

  그래프는 B점$(2,\ 4)$를 지나.

  A점, 원점, B점을 연결하여 $y=2x$의 그래프를 그리면 돼.

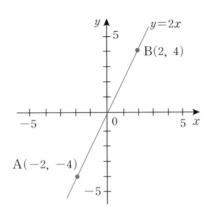

예 $y=\dfrac{8}{x}$ (반비례)의 그래프를 그리세요.

$x=-8$일 때 $y=\dfrac{8}{-8}=-1$ A점$(-8,\ -1)$을 지나.

$x=-4$일 때 $y=\dfrac{8}{-4}=-2$ B점$(-4,\ -2)$를 지나.

$x=-2$일 때 $y=\dfrac{8}{-2}=-4$ C점$(-1,\ -4)$를 지나.

$x=-1$일 때 $y=\dfrac{8}{-1}=-8$ D점$(-1,\ -8)$을 지나.

$x=1$일 때 $y=\dfrac{8}{1}=8$ E점$(1,\ 8)$을 지나.

$x=2$일 때 $y=\dfrac{8}{2}=4$ F점$(2,\ 4)$를 지나.

$x=4$일 때 $y=\dfrac{8}{4}=2$ G점$(4,\ 2)$를 지나.

$x=8$일 때 $y=\dfrac{8}{8}=1$ H점$(8,\ 1)$을 지나.

(A점, B점, C점, D점) (E점, F점, G점, H점)을 연결하여

$y=\dfrac{8}{x}$ 의 그래프를 그리면 돼.

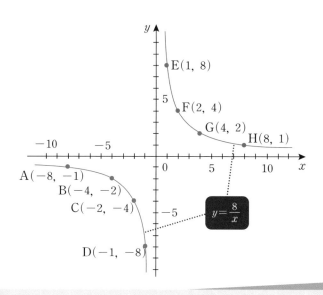

빈칸을 채워 $y=-2x$의 그래프를 그리세요.

$x=-1$일 때 $y=-2\times(\quad)=(\quad)$ A점 $(\quad,\quad)$를 지난다.

$x=0$일 때 $\quad y=-2\times(\quad)=(\quad)$ B점 $(\quad,\quad)$을 지난다.

$x=1$일 때 $\quad y=-2\times(\quad)=(\quad)$ C점 $(\quad,\quad)$를 지난다.

A점, B점, C점을 연결하여, $y=-2x$의 그래프를 그려.

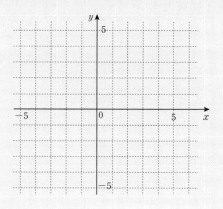

$x=-1$일 때 $y=-2\times(-1)=(2)$ A점 $(-1,\ 2)$를 지난다.

$x=0$일 때 $y=-2\times(0)=(0)$ B점 $(0,\ 0)$을 지난다.

$x=1$일 때 $y=-2\times(1)=(-2)$ C점 $(1,\ -2)$를 지난다.

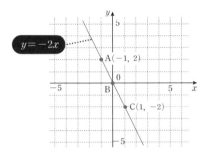

실전
문제

$y=\dfrac{9}{x}$의 그래프를 그리세요.

$x=-9$일 때 $y=\dfrac{(\quad)}{(\quad)}=(\quad)$ A점 $(\quad,\quad)$을 지난다.

$x=-3$일 때 $y=\dfrac{(\quad)}{(\quad)}=(\quad)$ B점 $(\quad,\quad)$을 지난다.

$x=-1$일 때 $y=\dfrac{(\quad)}{(\quad)}=(\quad)$ C점 $(\quad,\quad)$를 지난다.

$x=1$일 때 $y=\dfrac{(\quad)}{(\quad)}=(\quad)$ D점 $(\quad,\quad)$를 지난다.

$x=3$일 때 $y=\dfrac{(\quad)}{(\quad)}=(\quad)$ E점 $(\quad,\quad)$을 지난다.

$x=9$일 때 $y=\dfrac{(\quad)}{(\quad)}=(\quad)$ F점 $(\quad,\quad)$을 지난다.

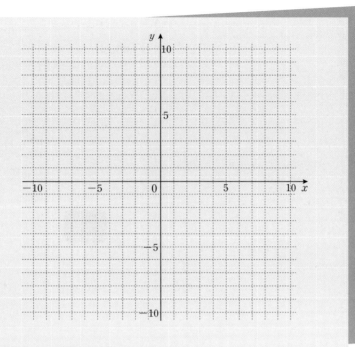

$x=-9$일 때 $y=\dfrac{(9)}{(-9)}=(-1)$ A점 $(-9,\,-1)$을 지난다.

$x=-3$일 때 $y=\dfrac{(9)}{(-3)}=(-3)$ B점 $(-3,\,-3)$을 지난다.

$x=-1$일 때 $y=\dfrac{(9)}{(-1)}=(-9)$ C점 $(-1,\,-9)$를 지난다.

$x=1$일 때 $y=\dfrac{(9)}{(1)}=(9)$ D점 $(1,\,9)$를 지난다.

$x=3$일 때 $y=\dfrac{(9)}{(3)}=(3)$ E점 $(3,\,3)$을 지난다.

$x=9$일 때 $y=\dfrac{(9)}{(9)}=(1)$ F점 $(9,\,1)$을 지난다.

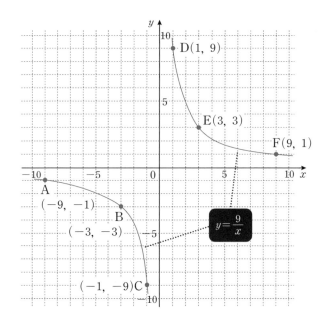

비례 · 반비례식을
구하기

03

이번에는 식을 구해 볼 거야. 지금까지 함수의 식을 어떻게 만들었지?

그래, 기본적인 식을 하나 만들어 놓고 주어진 좌표를 대입해서 풀었지.

함수에서 식을 구하는 건 다 마찬가지야.

 비례로 주어지면 $y = ax$

반비례로 주어지면 $y = \dfrac{a}{x}$ 로 놓기

 그래프 상의 점은 그래프의 식을 만족시킨다는 거 잊지 않았지?

일차함수라고 주어지면 $y = ax + b$ 라고 놓았지.

이것이 $(3, 1)$ 을 지날 때,

그래프 상의 점은 그래프의 식을 만족시키므로

$1 = a \times (3) + b$ 라고 했어.

비례와 반비례도 같은 방식으로 풀 수 있어.

예 y는 x에 비례하고, $x=2$일 때 $y=4$입니다.

($=$ 그래프가 $(2,\ 4)$를 지나.)

이때 x와 y의 관계를 나타내는 식을 구하세요.

비례하므로 $(y=ax)$

$(2,\ 4)$를 지나므로

$\quad 4=a\times(2)$········ 그래프 상의 점은 그래프의 식을 만족시킨다

$\quad 4=2a$

$-2a=-4$

$\quad a=-4\times\left(-\dfrac{1}{2}\right)$

$\quad a=2$

$y=ax$에 대입하여 $y=(2x)$

예 y는 x에 반비례하고, $x=3$일 때 $y=12$입니다.

($=$ 그래프가 $(3,\ 12)$를 지나.)

이때 x와 y의 관계를 나타내는 식을 구하세요.

반비례하므로 $\left(y=\dfrac{a}{x}\right)$

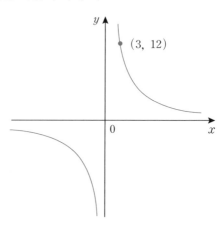

$(3, 12)$를 지나므로

$$12 = \frac{a}{3}$$ ┄┄┄ 그래프 상의 점은 그래프의 식을 만족시킨다

$$-\frac{a}{3} = -12$$

$$a = 36$$

$y = \dfrac{a}{x}$에 대입하여 $y = \left(\dfrac{36}{x} \right)$

y는 x에 비례하고, $x = 2$일 때 $y = -4$입니다.
($=$그래프가 $(2, -4)$를 지나.)
이때 x와 y의 관계를 나타내는 식을 구하세요.

비례하므로 (   )

$(2 , -4)$를 지나므로

(   )

정답 구하는 비례식은 $y = ($ $)$

비례하므로 $(y=ax)$

$(2,\ -4)$를 지나므로

$-4=a\times(2)$ ⋯⋯⋯⋯⋯ 그래프 상의 점은 그래프의 식을 만족시킨다

$-2a=4$

$a=4\times\left(-\dfrac{1}{2}\right)=-2$

정답 구하는 비례식은 $y=(-2x)$

x와 y는 반비례하고, $x=3$일 때 $y=-2$입니다.

(=그래프가 $(3,\ -2)$를 지나.)

이때, x와 y의 관계를 나타내는 식을 구하세요.

x와 y는 반비례하므로 (　　　　)

$x=3$일 때 $y=-2$이므로

(　　　　　　　)

정답 구하는 반비례식은 $y=($　　　　$)$

x와 y는 반비례하므로 $\left(y=\dfrac{a}{x}\right)$

$x=3,\ y=-2$를 지나므로

$\left(-2=\dfrac{a}{3}\right)$ ⋯⋯⋯⋯⋯ 그래프 상의 점은 그래프의 식을 만족시킨다

$-\dfrac{a}{3}=2$

$a=2\times(-3)$

$a=-6$

정답 구하는 반비례식은 $y=\left(-\dfrac{6}{x}\right)$

오른쪽 그래프의 식을 구하세요.

x와 y는 비례하므로

(   )

$x=($ $)$일 때

$y=($ $)$이므로

(   )

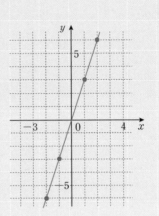

정답 $y=($ $)$

---

x와 y는 비례하므로 $(y=ax)$

$x=(2)$일 때 $y=(6)$이므로

$(6=a\times2)$ ·············

$-2a=-6$

$a=-6\times\left(-\dfrac{1}{2}\right)$

$a=3$

> 그래프 상의 점은 그래프의 식을 만족시킨다.
> 그래프는 점의 모임이므로, 그래프 상의 점은
> $(-2,\ -6)(-1,\ -3)(1,\ 3)(2,\ 6)\cdots$으로
> 많이 있어. 여기서는 한 예로써 $(2,\ 6)$을 사
> 용했지만, 다른 좌표로 해도 상관없어

정답 $y=(3x)$

실전
문제

다음 그래프의 식을 구하세요.

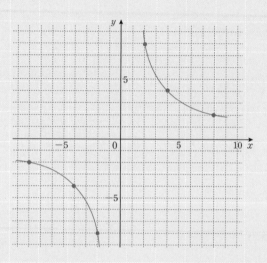

x와 y는 반비례하므로 (　　　　　　　)

$x=($　　$)$일 때 $y=($　　$)$이므로

(　　　　　　　　　)

정답　$y=($　　　$)$

x와 y는 반비례하므로 $\left(y=\dfrac{a}{x}\right)$

$x=(2)$일 때 $y=(8)$이므로

$\left(8=\dfrac{a}{2}\right)$ ·····················

$-\dfrac{a}{2}=-8$

$a=-8\times(-2)$

$a=16$

그래프 상의 점은 그래프의 식을 만족시킨다.
그래프는 점의 모임이므로, 그래프 상의 점은
$(-8,\ -2)(-4,\ -4)(-2,\ -8)(2,\ 8)$
$(4,\ 4)(8,\ 2)$로 많이 있어.
여기서는 한 예로써 $(2,\ 8)$을 사용했지만,
다른 좌표로 해도 상관없어

정답　$y=\left(\dfrac{16}{x}\right)$

148

chapter 15

도형의
계산과 증명

이번엔 도형을 공부해 보자. 일단 도형의 기본적인 성질을 공부하고 그것을 이용해 두 도형의 합동이나 닮음을 증명하게 될 거야. 어려워 보이지만 차근차근 따라 하면 쉬워.

각의 기본적인 성질 공부하기

01

자, 함수 다음엔 도형이야. 본격적인 도형에 들어가기 전에 일단 각에 대해서 배워 보자. 각은 도형의 기본이거든. 그렇다고 각도기를 들고 올 필요는 없어. 쉽게 알 수 있는 것부터 공부해 보자.

맞꼭지각이란 아래 그림의 ∠a와 ∠b, ∠c와 ∠d와 같이 서로 마주 보는 각을 말해. 맞꼭지각은 항상 크기가 같아.
$\angle a = \angle b$ $\angle c = \angle d$ 야.

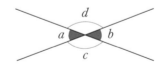

예 아래 그림의 $\angle x$와 $\angle y$를 구하세요.

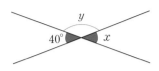

맞꼭지각은 같으므로 $\angle x = 40°$

$40° + \angle y = 180°$ 이므로

$$\angle y = 180° - 40°$$

$$\angle y = 140°$$

실전
문제

$\angle x$와 $\angle y$와 $\angle z$를 구하세요.

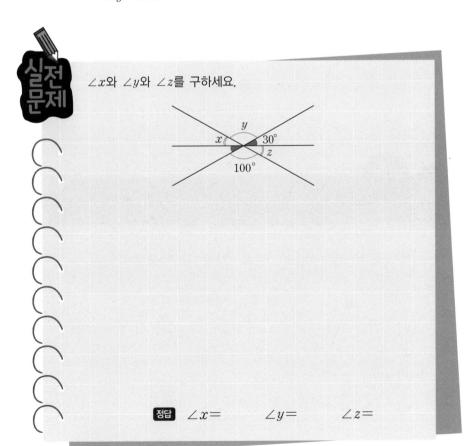

정답 $\angle x =$ $\angle y =$ $\angle z =$

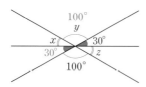

맞꼭지각은 같으므로,

위 그림에 초록 숫자를 적을 수 있어. $\angle y = 100°$야.

$30° + \angle x + 100° = 180°$ 이므로,

$$\angle x = 180° - 30° - 100° = 50°$$

맞꼭지각은 같으므로 $\angle z = 50°$

이것을 정리하면

$\angle x = 50°$　$\angle y = 100°$　$\angle z = 50°$

 $\angle x = 50°$　$\angle y = 100°$　$\angle z = 50°$

n각형의 내각의 합은 $180° \times (n-2)$

n각형의 내각의 합이 왜 $180° \times (n-2)$가 되는지 생각해 보자.

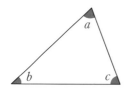

먼저 삼각형의 내각의 합은

$\angle a + \angle b + \angle c = 180°$인 거 다 알지?

몰랐으면 외워!

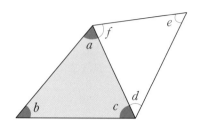

다음으로 사각형의 내각의 합인데,
사각형은 2개의 삼각형으로 나눌 수
있으므로,

$$\angle a + \angle b + \angle c + \angle d + \angle e + \angle f$$
$$= 180° + 180° = 180° \times 2$$

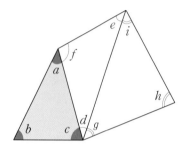

이어서 오각형의 내각의 합인데,
오각형은 3개의 삼각형으로 나눌 수
있으므로,

$$\angle a + \angle b + \angle c + \angle d + \angle e$$
$$+ \angle f + \angle g + \angle h + \angle i$$
$$= 180° + 180° + 180°$$
$$= 180° \times 3$$

이하 마찬가지이므로 아래와 같이 정리할 수 있어.

	삼각형의 수	내각의 합
사각형	$2 \ (=4-2)$	$180° \times (4-2)$
오각형	$3 \ (=5-2)$	$180° \times (5-2)$
육각형	$4 \ (=6-2)$	$180° \times (6-2)$
칠각형	$5 \ (=7-2)$	$180° \times (7-2)$
......		
n각형	$n-2$	$180° \times (n-2)$

이와 같이 사각형, 오각형, 육각형…
n각형의 내각의 합은 삼각형으로 나누어 생각하면 돼.

예 팔각형의 내각의 합과 정팔각형 1개의 내각의 크기를 구하세요.

n각형의 내각의 합은 $180° \times (n-2)$ $n=8$이므로,

$180° \times (8-2) = 180° \times 6 = 1080°$

1개의 내각의 크기는 $1080° \div 8 = 135°$

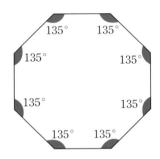

정육각형의 내각의 합과 1개의 내각의 크기를 구하세요.

정답 내각의 합 (   )°, 1개의 내각 (   )°

n각형의 내각의 합은 $180° \times (n-2)$

$n=6$이므로 $180° \times (6-2) = 180° \times 4 = 720°$

1개의 내각은 $720° \div 6 = 120°$

정답 내각의 합 $720°$, 1개의 내각 $120°$

내각 + 외각 = 180°

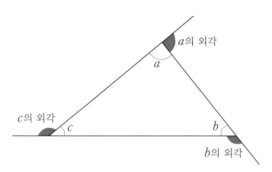

a의 외각

a

c의 외각

c

b

b의 외각

$\angle a + \angle a$의 외각 $= 180°$

$\angle b + \angle b$의 외각 $= 180°$

$\angle c + \angle c$의 외각 $= 180°$

몇 각형이든
내각 + 외각 = 180°

먼저 삼각형의 외각의 합을 생각해 보자.

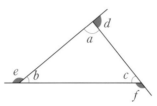

$$180° \qquad\qquad 180° \qquad\qquad 180°$$

$$(\angle a + \angle d) + (\angle b + \angle e) + (\angle c + \angle f) = 540° \ \cdots\cdots \boxed{\text{(내각+외각)의 합}}$$

$$\downarrow \boxed{\text{위치를 바꾼다}}$$

$$180°$$

$$\angle a + \angle b + \angle c + \angle d + \angle e + \angle f \qquad = 540°$$

$$\angle d + \angle e + \angle f = 540° - 180° = 360°$$

외각의 합 　　(내각 + 외각)의 합　　내각의 합

이번에는 육각형의 외각의 합을
생각해 보자.

외각의 합 = (내각 + 외각)의 합 − 내각의 합

$$= \quad 180° \times 6 \quad - \quad 180° \times (6-2)$$

$$= \quad 180° \times 6 \quad - \quad 180° \times 6 + 180° \times 2$$

$$= \quad 180° \times 2 \ = \ 360°$$

마지막으로 n각형의 외각의 합을 생각해 보자.

외각의 합 = (내각 + 외각)의 합 − 내각의 합

$$= \quad 180° \times n \quad - \quad 180° \times (n-2)$$

$$= \quad 180° \times n \quad - \quad 180° \times n + 180° \times 2$$

$$= \quad 180° \times 2 \ = \ 360°$$

결국 외각의 합은 오각형에서도 육각형에서도 칠각형에서도⋯
전부 360°인 거지.

예 정육각형의 외각의 합과 하나의 외각 및 하나의 내각을 구하세요.

외각의 합은 $360°$

하나의 외각은 $360° \div 6 = 60°$

내각 + 외각 = $180°$이므로

하나의 내각 = $180° - 60° = 120°$

① 정팔각형의 외각의 합과 하나의 외각 및 하나의 내각을 구하세요.

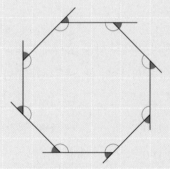

외각의 합 (　　)°, 하나의 외각 (　　)°, 하나의 내각 (　　)°

② 정팔각형의 내각의 합과 하나의 내각을 구하세요.

정팔각형의 내각의 합＝$180° \times ($　　$)° = ($　　$)°$

하나의 내각＝$($　　$)° \div 8 = ($　　$)°$

정답과 해설

① 외각의 합은 $360°$

하나의 외각＝$360° \div 8 = 45°$

내각＋외각＝$180°$ 이므로

하나의 내각＝$180° - 45° = 135°$

외각의 합 $(360)°$, 하나의 외각 $(45)°$, 하나의 내각 $(135)°$

② 정팔각형의 내각의 합＝$180° \times (8-2) = (1080)°$

하나의 내각＝$(1080)° \div 8 = (135)°$

 하나의 내각을 ①과 같이 $180°$에서 하나의 외각을 빼서 구할 수도 있고,

②와 같이 내각의 합에서 구할 수도 있어.

동위각은 아래 그림과 같이 같은 쪽의 동일한 간격의 각

$\angle a$와 $\angle c$ $\angle b$와 $\angle d$ $\angle e$와 $\angle g$ $\angle f$와 $\angle h$야.

$m/\!/n$ (m과 n은 평행)일 때

$\angle a = \angle c$ $\angle b = \angle d$ $\angle e = \angle g$ $\angle f = \angle h$야.

평행선이라면 동위각은 같아.

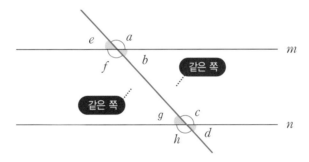

엇각은 아래의 그림과 같이 안쪽의 가로지르는 각

$\angle b$와 $\angle g$ $\angle f$와 $\angle c$야.

$m/\!/n$ (m과 n은 평행)일 때,

$\angle b = \angle g$ $\angle f = \angle c$야.

평행선이라면 엇각은 같아.

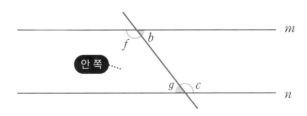

예 $m /\!/ n$일 때, $\angle a$와 $\angle b$를 구하세요.

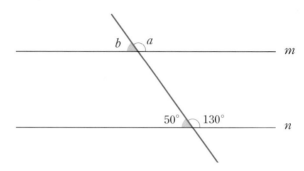

$m /\!/ n$일 때, 동위각은 같으므로,

$\angle a = 130°$ $\qquad$ $\angle b = 50°$

예 $m /\!/ n$일 때, $\angle a$와 $\angle b$를 구하세요.

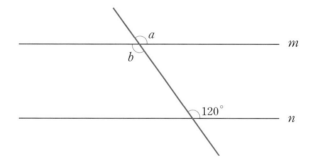

$m /\!/ n$일 때, 엇각은 같으므로,

$\angle b = 120°$

맞꼭지각은 같으므로,

$\angle b = \angle a = 120°$

실전
문제

$m//n$일 때, $\angle a$와 $\angle b$를 구하세요.

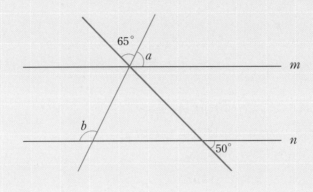

정답 $\angle a =($ $)°$ $\angle b =($ $)°$

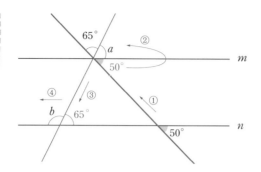

어디까지나 하나의 해답의 예일 뿐이야.

아는 부분부터 적어가는 것이 철칙이므로,

① $50°$의 동위각 $50°$를 적는다.

② $50° + \angle a + 65° = 180°$로부터

$\angle a = 180° - 65° - 50° = 65°$

③ $\angle a = 65°$의 동위각 $65°$를 적는다.

④ $65° + \angle b = 180°$로부터

$\angle b = 180° - 65° = 115°$

정답 $\angle a = 65°$ $\angle b = 115°$

각도를 묻는 문제는
알 수 있는 것부터
차근차근 적어.

$m/\!/n$에 〈그림 1〉, 〈그림 2〉와 같은 꺾은선이 들어간 경우,
〈그림 ①〉, 〈그림 ②〉와 같이 m과 n에 평행한 직선을 보조선(문제를 풀
기 위해 보조적으로 그려 넣는 선)으로 그려 넣어 봐.

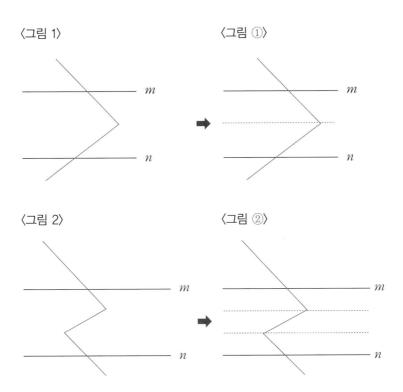

〈그림 1〉   〈그림 ①〉

〈그림 2〉   〈그림 ②〉

예 $m//n$일 때, $\angle a$를 구하세요.

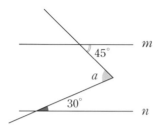

m과 n에 평행한 직선을 보조선으로 그려 넣어 봐.

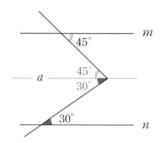

$45°$의 엇각 $45°$와 $30°$의 엇각 $30°$를 그려 넣으면

$$\angle a = 45° + 30° = 75°$$

적절한 보조선이
포인트!

$m//n$일 때, $\angle a$를 구하세요.

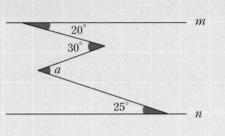

정답 $\angle a = ($ $)°$

정답과 해설

m과 n에 평행한 직선을 보조선으로 그려 넣어 봐.

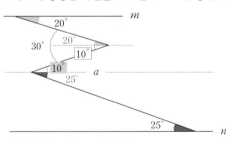

$20°$의 엇각 $20°$를 그려 넣어.

$30° - 20° = \boxed{10°}$ 이겠지.

$\boxed{10°}$의 엇각 $\boxed{10°}$를 그려 넣어.

$25°$의 엇각 $25°$를 그려 넣어.

$\angle a = \boxed{10°} + 25° = 35°$

정답 $\angle a = 35°$

원주각=중심각의 $\frac{1}{2}$

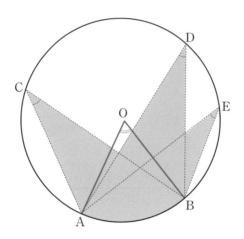

∠AOB를 호 AB ($\overarc{AB}$)의 중심각이라고 불러.

중심에 있으니 중심각. 알겠지?

　∠ACB　∠ADB　∠AEB…를

호 AB ($\overarc{AB}$)의 원주각이라고 불러.

원주각은 그림을 보면 알겠지만 하나가 아니라

여러 개가 있을 수 있어. 예를 들면,

중심각 ∠AOB가 60°일 때,

원주각 ∠ACB＝∠ADB＝∠AEB＝30°

중심각 ∠AOB가 80°일 때,

원주각 ∠ACB＝∠ADB＝∠AEB＝40°

이와 같이, 원주각＝중심각의 $\frac{1}{2}$ 이야. 신기하지?

예 ∠x를 구하세요.

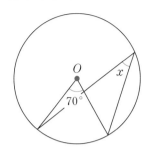

원주각은 중심각의 $\dfrac{1}{2}$이므로,

$$\angle x = 70° \times \dfrac{1}{2} = 35°$$

∠y를 구하세요.

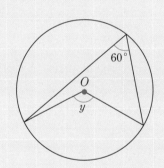

정답 원주각은 중심각의 $\dfrac{1}{2}$, 그러므로 중심각은 원주각의 2배.

따라서 $\angle y = 60° \times 2 = 120°$

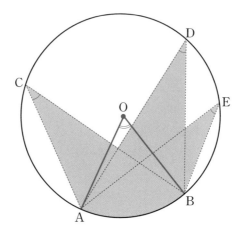

같은 호에 대한 **원주각**을 그려 봐

$\angle ACB = \angle ADB = \angle AEB$

모두 호 AB의 원주각이야.

응용문제에서는 이 성질(같은 호에 대한 원주각이 같은 것)을
그림에 적어.

〈그림 1〉과 같은 문제가 주어졌을 때, 바로 〈그림 2〉와 같이 호 BC의 원
주각 $40°$와 호 AB의 원주각 $50°$를 그려 넣어.

〈그림 1〉

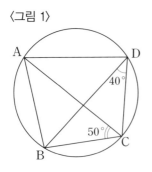

〈그림 2〉

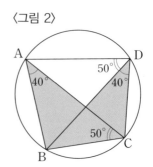

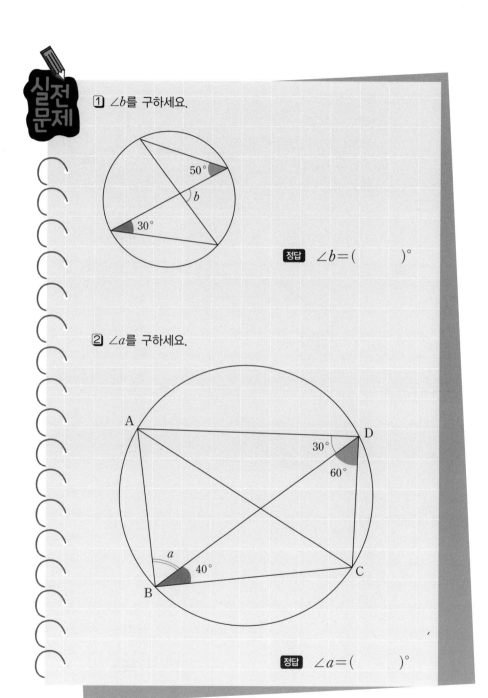

① ∠b를 구하세요.

50°

b

30°

정답 ∠b=(　　　)°

② ∠a를 구하세요.

A

D

30°

60°

a

40°

B

C

정답 ∠a=(　　　)°

1 호 DC의 원주각

∠CBD＝∠CAD＝30°와,

호 AB의 원주각

∠ADB＝∠ACB＝50°를 그려 넣어.

∠AED의 내각의 합은 180°이므로

$30°+50°+∠AED=180°$

$∠AED=100°$

$∠b+∠AED=∠b+100°=180°$ $∠b=(80)°$

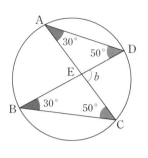

정답　∠b＝80°

2

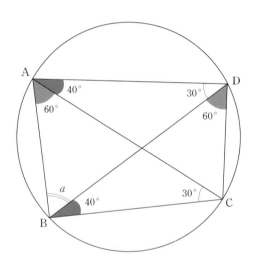

호 DC의 원주각 ∠CBD＝∠CAD＝40°

호 BC의 원주각 ∠CDB＝∠CAB＝60°

호 AB의 원주각 ∠ADB＝∠ACB＝30°를 적어.

△ABD의 내각의 합은 180°이므로,

$60°+40°+30°+∠a=180°$

$∠a=180°-60°-40°-30°=(50)°$

정답　∠a＝50°

〈그림 1〉 〈그림 2〉

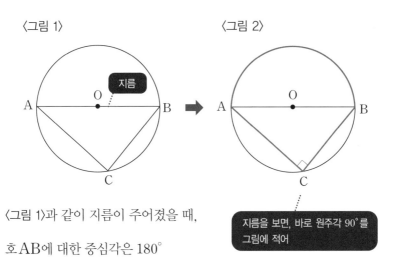

〈그림 1〉과 같이 지름이 주어졌을 때,

호 AB에 대한 중심각은 180°

원주각＝중심각의 $\frac{1}{2}$이므로,

$\angle ACB＝90°$

따라서 〈그림 2〉와 같이 직각을 그려 넣어.

삼각형의
내각의 합은 $180°$
n각형의 내각의 합은
$180° \times (n-2)$였지?

∠a를 구하세요.

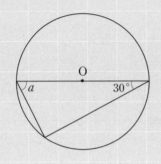

정답과 해설

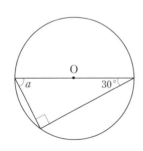

지름의 원주각 90°를 적어.

$30° + 90° + ∠a = 180°$

$∠a = 180° - 30° - 90° = 60°$

정답 ∠a＝60°

두 도형이 **합동**임을 **증명**하기

02

이제 두 도형이 합동이라는 것을 증명하는 연습을 할 거야. 합동이란 두 도형이 완전히 똑같은 걸 이야기해. 증명에 들어가기 전에 알아 두어야 할 것들이 있어. 일단 그것들부터 차근차근 배워 보자.

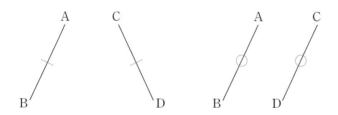

길이가 같은 변에는 같은 기호

AB=CD라면, 아래와 같이 그림으로 나타내.

A　　　　C　　　　　　A　　　　C

B　　　　　　　D　　　B　　　　D

기호는 △라도, □라도 상관없으니 마음대로 써도 돼.

그렇다고 책에 낙서는 하지 말고.

AB=CD를 그림으로 나타내세요.

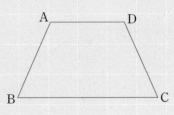

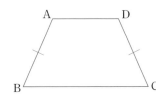

이것은 하나의 예야.

AB와 CD에 같은 기호를 붙이면 OK.

같은 각에는 같은 기호

∠ABC＝∠DEF라면 아래와 같이 그림으로 나타내.

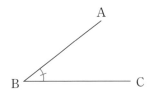 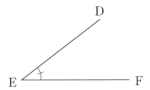

기호는 △라도, ○라도 상관없으니 마음대로 써도 돼.

∠ABC=∠DEF를 그림으로 나타내세요.

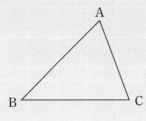

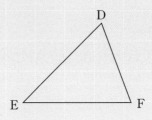

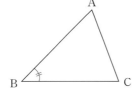

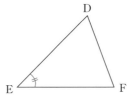

이것은 하나의 예야.

∠ABC와 ∠DEF에 같은 기호를 붙이면 OK.

길이가 같거나
크기가 같다면
같다는 표시를 하자.

★ 공통변

아래 그림에서 BC는 △ABC와 △DBC가 공유하는 변이므로, 당연히
같아.

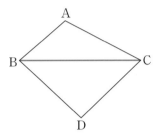

공유하고 있는 것을 공통이라고 불러.

어떤 사람하고 나하고 공통점이 있다고 하면 공유하고 있는 성질이 있
다는 거잖아?

증명할 때는 BC＝BC (공통변)으로 나타내.

기호로 표시할 땐 아래 나온 그림처럼 해.

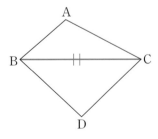

★ 공통각

공통에는 공통각도 있기 때문에 여기서는 그것을 설명해 줄게.

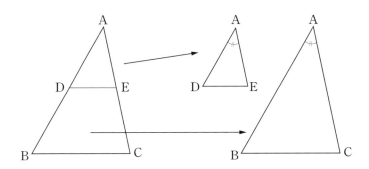

위의 그림에서 ∠DAE(＝∠BAC)는 △ABC와 △ADE가 공유하는
각(＝공통)이므로, 당연히 같겠지?

증명할 때는 ∠DAE＝∠BAC(공통각)으로 나타내.

합동이라는 것은 모양도 크기도 같은 것

도장을 찍어 본 적 있지?

몇 번 찍든 모양이나 크기가 같잖아?

이렇게 모양이나 크기가 같은 걸 합동이라고 해.

삼각형의 합동 조건
① 세 변이 각각 같다
② 두 변과 그 끼인각이 각각 같다
③ 한 변과 그 양 끝의 각이 각각 같다

차례대로 보도록 하자.

★ 세 변이 각각 같다

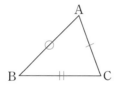 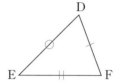

△ABC와 △DEF는,

AB＝DE   AC＝DF   BC＝EF야.

이처럼 세 변이 각각 같을 때,

두 개의 삼각형은 합동이라는 걸 알 수 있어.

합동은 ≡으로 나타내.

△ABC≡△DEF인 거지.

★ 두 변과 그 끼인각이 각각 같다

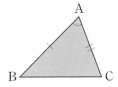 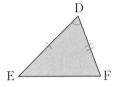

△ABC와 △DEF는

$$AB=DE \qquad AC=DF \qquad \angle BAC=\angle EDF$$

이와 같이 두 변과 그 끼인각이 각각 같을 때,

두 개의 삼각형은 합동이야.

합동은 ≡으로 나타내.

△ABC≡△DEF인 거지.

★ 한 변과 그 양 끝의 각이 각각 같다

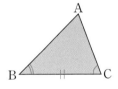 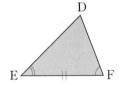

△ABC와 △DEF는

$$BC=EF \qquad \angle ABC=\angle DEF \qquad \angle ACB=\angle DFE$$

이와 같이 한 변과 그 양 끝의 각이 각각 같을 때,

두 개의 삼각형은 합동이야.

합동은 ≡으로 나타내.

△ABC≡△DEF인 거야.

가정 → 〈맞꼭지각〉〈공통〉 → 증명을 적는다

합동은 다음과 같은 순서로 증명할 수 있어.

가정을 그림에 적어 넣는다.

〈맞꼭지각〉〈공통〉이 있으면 적어 넣는다.

증명을 적는다.

이 흐름에 따라 풀면 합동을 증명하는 것도 간단해.

예 아래 그림에서 AB=CB, AD=CD라면,
△ABD와 △CBD는 합동이 된다는 것을 증명하세요.

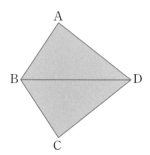

합동을 증명하는 순서에 따라서 증명을 해 보자고.

가정을 그림에 적어 넣는다.

가정은 ～라면의 앞에 있어.

AB＝CB,　AD＝CD라면　·············　이것이 가정이야. 이것을 그림에 적어

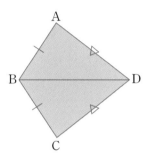

〈맞꼭지각〉〈공통〉이 있으면 적어 넣는다.

여기서는 BD＝BD(공통변)이 있으므로 이것을 적어.

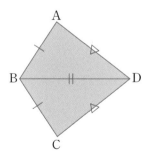

> 증명을 적는다.

앞의 그림을 보고 증명을 적으면 돼.

[증명] △ABD와 △CBD에 대하여 ······ **합동을 증명할 때 기본적으로 이렇게 시작해**

$$AB = CB \text{ (가정)}$$
$$AD = CD \text{ (가정)}$$
$$BD = BD \text{ (공통)} \cdots \text{ 앞의 그림 그대로}$$
$$\therefore \triangle ABD \equiv \triangle CBD \text{ (세 변이 각각 같다)}$$

'그러므로'라고 읽어

 이와 같이 먼저 가정을 적고, 이어서 공통과 맞꼭지각을 적어 넣고,

그 그림을 보면 쉽게 증명을 적을 수 있지.

합동 → 변이 같다, 각이 같다

합동(에 대한) 증명에는, 가정·맞꼭지각·공통 등을 가지고

△ABC ≡ △DEF를 증명하고 끝나는 문제와

△ABC ≡ △DEF를 증명한 후, 따라서 대응하는 변과 각이 같음을

(예를 들어, AB=DE ∠ABC = ∠DEF 등) 증명하는 문제가 있어.

이 유형을 다음 페이지의 실전문제를 통해 풀어 보도록 하자.

그림에 적고, 증명을 완성하세요.

△ABC의 변 BC의 중점을 M이라고 합니다. AM을 연장하여, 그 연장 상에서 AM과 같게 DM을 그릴 때(＝라면), BD＝CA가 된다는 것을 증명하세요.

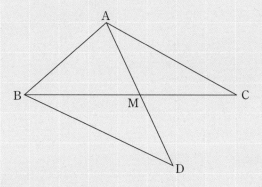

가정을 그림에 적어 넣는다.

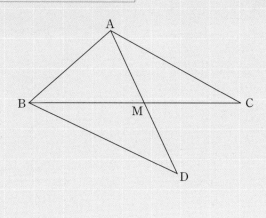

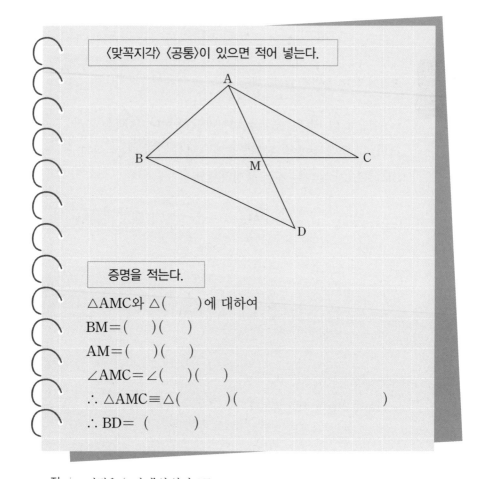

〈맞꼭지각〉〈공통〉이 있으면 적어 넣는다.

증명을 적는다.

△AMC와 △(　　)에 대하여

BM＝(　)(　)

AM＝(　)(　)

∠AMC＝∠(　)(　)

∴ △AMC≡△(　　　)(　　　　　　　　)

∴ BD＝(　　　)

가정은 '～라면'의 앞이므로

BM＝CM　　AM＝DM

〈맞꼭지각〉〈공통〉이 있다면 적어 넣어.

여기서는 ∠AMC＝∠DMB(맞꼭지각)을 적어 넣어.

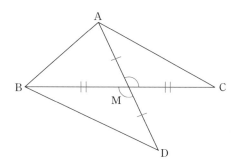

위의 그림을 보고 증명을 적어.

　　△AMC와 △(DMB)에 대하여

　　BM＝(CM)(가정)

　　AM＝(DM)(가정)

　　∠AMC＝∠(DMB)(맞꼭지각)

　　∴ △AMC≡△(DMB)(두 변과 그 끼인각이 각각 같다.)

　　∴ BD＝(CA)

두 도형의 닮음
증명하기

03

합동 증명에 자신이 붙었다면 이번엔 닮음을 증명해 보자. 닮음은 모양은 같은데 크기가 다른 것을 말해. 기본적으로는 합동 증명하고 비슷하니까 어렵지 않을 거야. 그럼 한번 증명해 볼까?

닮음은 모양이 같고 크기가 다른 것을 말해

아래와 같이 모양도 크기도 같은 도형을 합동이라고 했지.

닮음은 모양은 같지만 크기가 다른
도형을 말해.
가까운 예로, 원래의 사진과 그것을
길게 늘인 사진은 서로 닮음이라 할
수 있지.

삼각형의 닮음 조건
① 세 쌍의 변의 비가 같다
② 두 쌍의 변의 비와 그 끼인각이 같다
③ 두 쌍의 각이 각각 같다

차례대로 살펴보도록 하자.

★ 세 쌍의 변의 비가 같다

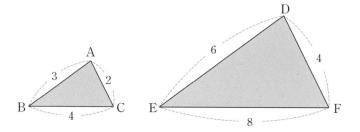

$\triangle ABC$와 $\triangle DEF$는

$$AB : DE = AC : DF = BC : EF = 1 : 2$$

이와 같이 세 쌍의 변의 비가 같을 때,

두 삼각형은 닮음이라고 볼 수 있어.

닮음은 $\backsim$ 로 나타내.

$\triangle ABC \backsim \triangle DEF$이야.

★ 두 쌍의 변의 비와 그 끼인각이 같다

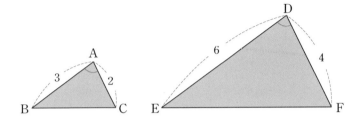

△ABC와 △DEF는

$$AB : DE = AC : DF = 1 : 2$$

$$\angle BAC = \angle EDF$$

이와 같이 두 쌍의 변의 비와 그 끼인각이 같을 때,
두 삼각형은 닮음이야. 닮음은 ∽로 나타내.
△ABC∽△DEF이야.

★ 두 쌍의 각이 각각 같다

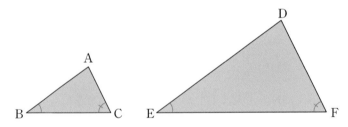

△ABC와 △DEF는

$$\angle B = \angle E \quad \angle C = \angle F$$

이와 같이 두 쌍의 각이 각각 같을 때 두 개의 삼각형은 닮음이라고
볼 수 있어. 닮음은 ∽로 나타낸다고 했지?
△ABC∽△DEF이야.

가정 → 〈맞꼭지각〉〈공통〉 → 증명을 적는다

닮음을 증명하는 흐름은 아래와 같아. 합동을 증명할 때와 똑같으니 복습한다고 생각해.

> 가정을 그림에 적어 넣는다.

⬇

> 〈맞꼭지각〉〈공통〉이 있으면 적어 넣는다.

⬇

> 증명을 적는다.

이 흐름에 따라서 풀면 증명은 쉬워.

📖 AC＝4, EC＝12, BC＝3, DC＝9일 때,
△ABC와 △EDC는 닮음이라는 것을 증명하세요.

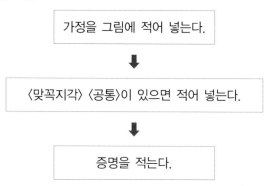
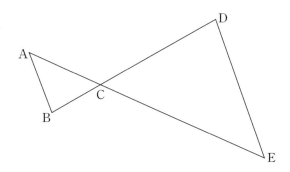

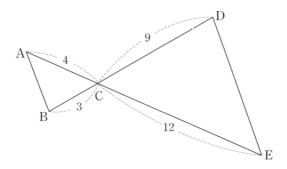

여기서는 ∠ACB= ∠ECD(맞꼭지각)이 있으므로, 이것을 적어 넣어.

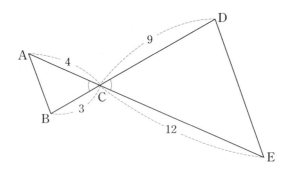

△ABC와 △EDC에 대하여

　　AC : EC = BC : DC=1 : 3

∠ACB= ∠ECD (맞꼭지각)

∴△ABC∽△EDC (두 쌍의 변의 비와 그 끼인각이 같다.)

닮음인 삼각형의 변의 길이를, 이 성질을 이용하여 구하는 문제가 나와.
최종적으로는 비례식을 푸는 것이 되니 이것을 먼저 복습해 보자.

$$\bigcirc : \square = \square : \bigcirc \text{일 때} \quad \square \times \square = \bigcirc \times \bigcirc$$

가 성립해. 예를 들어,

$$② : \boxed{3} = \boxed{x} : ⑫$$

$$\boxed{3} \times \boxed{x} = ② \times ⑫$$

$$x = 24 \times \frac{1}{3} = 8$$

그러면 닮음인 도형은 대응하는 변의 비가 같다는 이야기로 돌아오게
되지.

비례식은 안쪽끼리
바깥쪽끼리 곱한 것이
같아.

예 △ABC∽△DEF일 때, x를 구하세요.

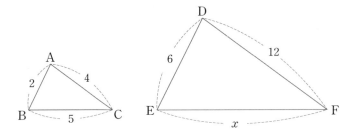

AB : DE = 2 : 6 = 1 : 3

AC : DF = 4 : 12 = 1 : 3

닮음인 도형은 대응하는 변의 비가 같기 때문에,

BC : EF = ⑤ : $\boxed{x}$ = $\boxed{1}$: ③

$\boxed{x} \times \boxed{1} = ⑤ \times ③$

$x = 15$

실전 문제

△ABC∽△DEF일 때, x를 구하세요.

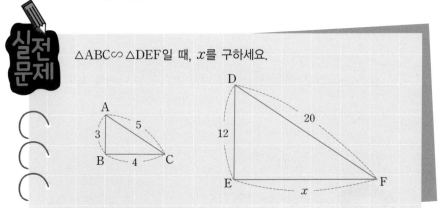

정답과 해설

AB : DE = AC : DF = 1 : 4

BC : EF = ④ : $\boxed{x}$ = $\boxed{1}$: ④

$\boxed{x} \times \boxed{1} = ④ \times ④$

$x = 16$

닮음 문제에는 닮음을 증명하고 끝나는 문제와 닮음을 증명한 후, 대응하는 변의 비가 같다는 것을 이용하여 변의 길이를 구하는 문제가 있어. 여기서는 이런 유형 문제를 푸는 연습을 해 보자고.

∠ADE=∠C일 때

① △AED ∽ △ABC를 증명하세요.

② △AED와 △ABC에 대한 닮음비(대응하는 변의 비)를 구하세요.

③ CB의 길이를 구하세요.

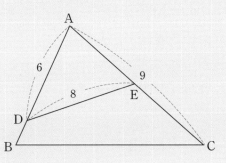

가정을 그림에 적어 넣는다.

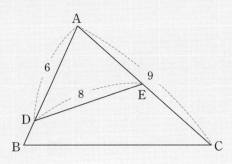

〈맞꼭지각〉〈공통〉이 있으면 적어 넣는다.

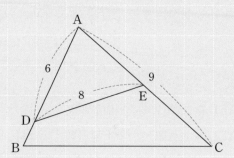

증명을 적는다.

1 △AED와 △ABC에 대하여

∠(   )＝∠(   )(   )

∠(   )＝∠(   )(   )

∴ △AED∽△ABC (   )

2 대응하는 변의 비이므로

AD : AC ＝(   ) : (   )

3 CB＝x라고 하면

대응하는 변의 비는 같으므로

AD : AC ＝ DE : CB이므로

(   ) : (   ) ＝ (   ) : (   )

이제 풀면 돼.

정답   CB＝(   )

가정을 그림에 적어.

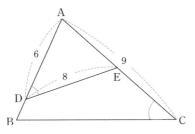

공통을 그림에 적어.

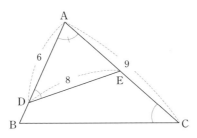

증명을 적어.

1 △AED와 △ABC에 대하여

∠(ADE)=(C)(가정)

∠(DAE)=(CAB) (공통)

∴ △AED∽△ABC (두 쌍의 각이 각각 같다.)

2 대응하는 변의 비이므로,

AD : AC=(2) : (3) ← 6 : 9 = 2 : 3

3 CB=x라고 하면

AD : AC = DE : CB이므로

(2) : (3) = (8) : (x)

$3 \times 8 = 2 \times x \ \rightarrow \ 24 = 2x \ \rightarrow \ x = 12$

정답 CB=12

평행선과
선분 길이의 비

04

선분 길이의 비를 구하는 문제가 간혹 나올 때가 있어. 이런 문제가 나오면 평행선과 선분 길이의 비 사이의 관계를 알아 놓아야 풀 수가 있지. 이 관계에 대해서 알아보자.

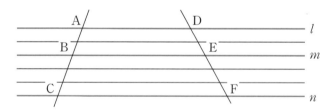

평행선 → 선분 길이의 비가 이동

$l /\!/ m /\!/ n$일 때

AB : BC = 2 : 3이 DE : EF = 2 : 3으로

AB : AC = 2 : 5가 DE : DF = 2 : 5로

BC : CA = 3 : 5가 EF : FD = 3 : 5로

이런 식으로, 선분 길이의 비가 이동해.

이 성질을 이용하여 선분 길이의 비를 구하는 문제가 나와.

예 $l // m // n$일 때, x를 구하세요.

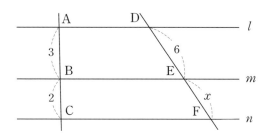

AB : BC = 3 : 2가   DE : EF로 이동해.

따라서 ③ : ② = ⑥ : x

② × ⑥ = ③ × x

$$12 = 3x$$

$$x = 4$$

$l // m // n$일 때, x와 y를 구하세요.

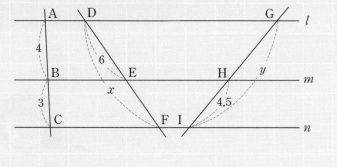

AB : AC = 4 : 7이 DE : DF로 이동해.

④ : ⑦ = ⑥ : ⓧ

⑦ × ⑥ = ④ × ⓧ

$$42 = 4x$$

$$x = 42 \times \frac{1}{4} = \frac{21}{2}$$

BC : AC = 3 : 7이 HI : GI로 이동해.

③ : ⑦ = ④.⑤ : ⓨ

⑦ × ④.⑤ = ③ × ⓨ

$$y = 7 \times 4.5 \times \frac{1}{3} = 10.5$$

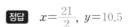 정답 $x = \dfrac{21}{2}$, $y = 10.5$

세 직선이 평행한지
풀기 전에 꼭
확인해야 해.

원을 이용한
닮음 증명하기

05

이번에는 원을 이용해서 닮음을 증명하는 문제가 나왔을 때 대처하는 방법에 대해서 공부해 볼 거야. 앞에서 배웠던 원의 원주각의 성질을 이용해 증명해 보자.

 같은 호에 대한 원주각을 그려 넣어
지름 → 원주각 $90°$를 적어

앞에서도 했지만, 원이 주어지면,

같은 원주각과 지름 → 원주각 $90°$를 그려 넣어.

이 **쉽게 생각해!**는 원을 이용한 닮음 증명에서도 사용할 수 있어.

〈그림 1〉이 주어지면 바로 〈그림 2〉

　　$∠BAC = ∠BDC(\overparen{BC}$의 원주각)를 적고

〈그림 3〉이 주어지면 바로 〈그림 4〉

　　$∠BAC = 90°(BC$는 지름)를 적어.

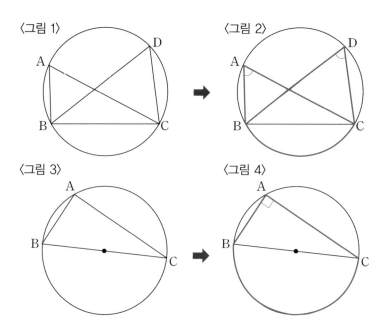

〈그림 1〉 〈그림 2〉 〈그림 3〉 〈그림 4〉

이 기입을 할 수 있으면, 원을 이용한 증명은 쉬워서 하품이 날 지경일 거야.

증명의 흐름은 삼각형의 합동·닮음과 같아.

예 아래 그림에서 △ACP∽△DBP를 증명하여 a를 구하세요.

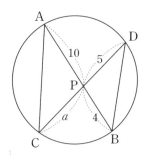

가정은 원이므로, 같은 호에 대한 원주각과 지름 → 원주각 90°가 있으면 그려.

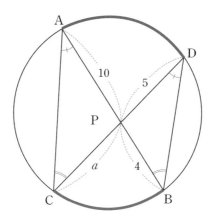

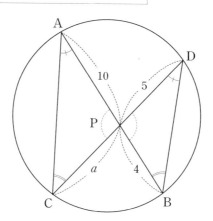

맞꼭지각 ∠APC = ∠DPB가 있지만, 가정만으로 닮음 조건이 갖추어졌기 때문에, 여기서는 일단 점선으로 그리자.

증명을 적는다.

△ACP와 △DBP에서

∠CAP＝∠BDP ($\overset{\frown}{\text{CB}}$의 원주각)

∠ACP＝∠DBP ($\overset{\frown}{\text{AD}}$의 원주각)

∴ △ACP∽△DBP (두 쌍의 각이 각각 같다.)

a를 구해.

AP : DP ＝ 10 : 5 ＝ 2 : 1

AP : DP ＝ CP : BP이므로

2 : 1 ＝ a : 4

$1 \times a = 2 \times 4$

$a = 8$

O는 원의 중심입니다. ∠AEB ＝ 90°일 때, △ABE∽△ADC를 증명하세요.

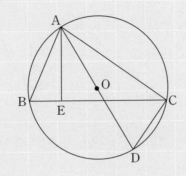

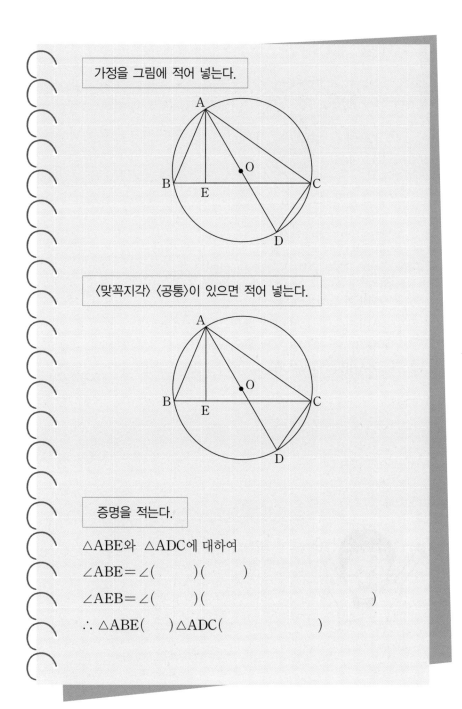

가정을 그림에 적어 넣는다.

〈맞꼭지각〉〈공통〉이 있으면 적어 넣는다.

증명을 적는다.

△ABE와 △ADC에 대하여

∠ABE＝∠(　　　)(　　　)

∠AEB＝∠(　　　)(　　　　　　　)

∴ △ABE(　　)△ADC(　　　　　　　)

가정을 그림에 적어 넣어.

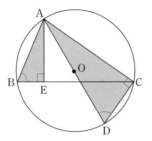

맞꼭지각과 공통은 없어.

증명을 적어.

△ABE와 △ADC에 대하여

∠ABE＝∠(ADC)($\widehat{AC}$의 원주각)

∠AEB＝∠(ACD)(AD는 지름, ∠ACD＝90°, ∠AEB＝90°)

∴ △ABE (∞) △ADC (두 쌍의 각이 각각 같다.)

이걸로 도형도 끝!
마지막 확률만 남았어.

chapter 16

확률

마지막으로 공부할 단원은 확률이야. 확률은 실생활에서 많이 쓰이니 친숙할 거야. 수형도를 이용해서 확률을 구하는 방법을 배워 보도록 하자.

수형도와 곱의 법칙

01

예를 통하여 수형도 적는 법을 배워 보자. 수형도는 나무 모양 그림이라는 뜻이야. 나뭇가지가 뻗어 나가듯이 적은 걸 말하지.

 동전 한 개를 두 번 던지면, 앞뒤가 한 번씩 나온다고 하자.
어쩌다가 서는 경우도 있겠지만 일단 그건 빼자고.
이것을 수형도로 나타내면 다음과 같아.

$$\Bigg\langle \begin{array}{l} 앞 \\ 뒤 \end{array}$$

 이번에는 동전 한 개를 계속하여 두 번 던지자.
(=두 개의 동전을 던지기) 그 결과는,
첫 번째(한 개째) 앞이고 두 번째(두 개째) 앞
첫 번째(한 개째) 앞이고 두 번째(두 개째) 뒤
첫 번째(한 개째) 뒤이고 두 번째(두 개째) 앞
첫 번째(한 개째) 뒤이고 두 번째(두 개째) 뒤
이것을 수형도로 그리면 다음과 같아.

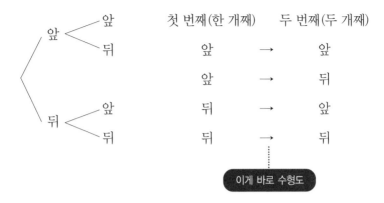

곱의 법칙 : A가 m가지 그 각각에 대하여
B가 n가지라면 A → B는 mn가지

예 동전 한 개를 계속하여 두 번 던질 때(＝동전 두 개를 던질 때)의
수형도는 다음과 같아.

첫 번째가 2가지(앞이나 뒤가 나온다), 그 각각에 대하여 두 번째가
$\boxed{2}$가지(앞이나 뒤가 나온다)인 거지.

이때, 첫 번째 → 두 번째(앞→앞, 앞→뒤, 뒤→앞, 뒤→뒤)는
$2 \times \boxed{2}$가지야.

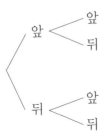

강이 두 갈래로 나눠지고 하류로 내려가다 다시 두 갈래로 나눠질 때, 네 갈래의 흐름이 생기는 이미지를 떠올리면 돼.

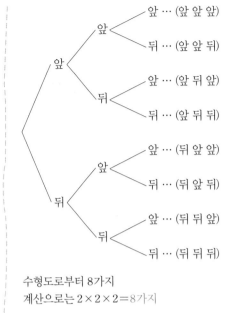

수형도로부터 8가지

계산으로는 2 × 2 × 2 ＝ 8가지

예 A 마을에서 B 마을까지 가는 방법이 3가지, B 마을에서 C 마을까지 가는 방법이 2가지가 있을 때, A 마을에서 C 마을로 가는 방법은 몇 가지가 있나요?

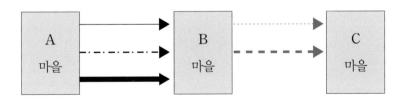

A마을에서 C마을로 가는 방법을 수형도로 그리면 아래와 같아.

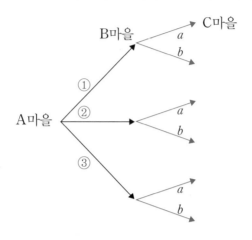

A마을에서 B마을이 3가지 (①, ②, ③)

그 각각에 대하여 B마을에서 C마을이 $\boxed{2}$가지 (a, b)야.

이때, A마을에서 C마을 $(① \rightarrow a, ① \rightarrow b, ② \rightarrow a, ② \rightarrow b,$
$③ \rightarrow a, ③ \rightarrow b)$은 $3 \times \boxed{2} = 6$가지인 거지.

강이 세 갈래로 갈라지고, 하류로 내려가다 다시 두 갈래로 갈라질 때, 여섯 갈래의 흐름이 생기는 이미지를 떠올려.

결국 강이 m갈래로 나누어지고, 하류로 내려가다 다시 n갈래로 나누어질 때, mn갈래의 흐름이 생겨.

따라서 A가 m갈래, 그 각각에 대하여 B가 n갈래라면,

A→B는 mn갈래라는 곱의 법칙이 성립하는 것이지.

F산에는 3곳의 등산로가 있습니다. 가족여행으로 F산에 올라갔다 내려오기로 했습니다. 단, 심심하지 않게 올라갈 때와 내려올 때는 다른 길을 택하기로 했습니다. 이때, 올라갔다 내려오는 코스는 몇 가지를 생각할 수 있을까요?

F산 정상

정답과 해설

오름과 내림을 수형도로 그리면 오른쪽과 같겠지?

오름이 3가지 (a, b, c)

그 각각에 대하여, 내림이 $\boxed{2}$가지라는 것을 알 수 있어.

이때, 오름 → 내림($a \to b$, $a \to c$, $b \to a$, $b \to c$, $c \to a$, $c \to b$)은

$3 \times \boxed{2} = 6$가지야.

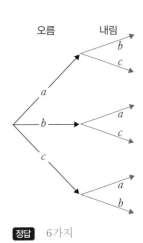

정답 6가지

동시에 일어나지 않는 경우는 합의 법칙으로

02

동시에 일어나지 않는 일의 가짓수를 구하려면 그냥 더하기만 하면 돼. 조심해야 할 것은 동시에 일어나지 않는 일인지 판단하는 거야. 문제에선 헷갈리게 만들려고 별수를 다 쓰는데 찬찬히 봐야 해.

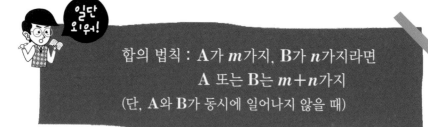

합의 법칙 : A가 m가지, B가 n가지라면
A 또는 B는 $m+n$가지
(단, A와 B가 동시에 일어나지 않을 때)

예 100개의 제비 중에서 1등이 10개, 2등이 20개, 꽝이 70개가 있습니다.

1등이 10가지, 2등이 20가지라면, 1등 또는 2등은 10+20가지가 되겠지. (단, 1등과 2등은 동시에 일어나지 않아. =1등이면서 2등인 경우는 없다는 뜻이야.)

예 1 2 3 의 3장의 카드에서, 2장을 골라서 늘어놓고 두 자리의 정
수를 만들 때, 그것이 30보다 작은 수가 되는 경우는 몇 가지입니까?

30보다 작은 수가 되는 경우

＝10의 자리가 1이 되는 경우, 또는 10의 자리가 2가 되는 경우

＜10의 자리가 1이 되는 경우＞

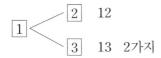

＜10의 자리가 2가 되는 경우＞

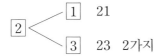

합의 법칙에 따라 30보다 작은 수가 되는 경우는

2＋2＝4가지

동시에 일어나지
않는 경우인지 여부만
잘 판단하면 쉬워!

확률이란?

03

확률은 실생활에서 많이 들어 봤지? 이번엔 수학적으로 생각해 보자. 온라인 RPG 게임을 예로 들면 네가 몬스터를 공격했을 때 두 번 중에 한 번만 공격이 성공한다면 네 공격이 성공할 확률은 $\frac{1}{2}$이 되는 거야.

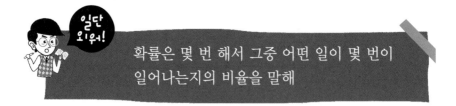

확률은 몇 번 해서 그중 어떤 일이 몇 번이 일어나는지의 비율을 말해

예 동전을 하나 던질 때, 앞이 나올 확률을 구하세요.

앞이 나오는 것은 2번 중 1번이므로,

그 비율은 $\frac{1}{2}$

이것이 동전을 하나 던질 때 앞이 나올 확률이야.

예 1개의 주사위를 던질 때, 5나 6 (=5 또는 6)이 나올 확률을 구해 봐.

$$\boxed{1}\quad\boxed{2}\quad\boxed{3}\quad\boxed{4}\quad\boxed{5}\quad\boxed{6}$$

6번 하여 2번이므로 $\dfrac{2}{6}=\dfrac{1}{3}$

다음 문제를 풀어 보세요.

1 빨간 공 3개와 하얀 공 2개가 들어 있는 주머니에서 1개를
꺼낼 때, 그것이 빨간 공일 확률을 구하세요.

빨간 공에 ①, ②, ③, 하얀 공에 ④, ⑤로 번호를 붙여.
5번 하면 (　　　　　)가 나와.
이 중에서 빨간 공은 (　　　　)이므로
빨간 공이 나올 확률은 (　　　　)일 거야.

2 1개의 주사위를 던질 때, 4 이상의 눈이 나올 확률을 구하
세요.

3 1세트의 트럼프 카드 52장에서 1장의 카드를 꺼낼 때,
그것이 하트일 확률을 구하세요.

1 빨간 공에 ①, ②, ③, 하얀 공에 ④, ⑤로 번호를 붙여.

5번 하면 (①, ②, ③, ④, ⑤)가 나와.

이 중에서 빨간 공은 (①, ②, ③)이므로, 5빈 중 3번이 나오기 때문에,

빨간 공이 나올 확률은 ($\frac{3}{5}$)일 거야.

2 1　2　3　4　5　6

6번 하면 (1, 2, 3, 4, 5, 6)이 나와.

이 중에서 4 이상은 (4, 5, 6)이므로, 6번 중 3번 나오기 때문에,

4 이상이 나올 확률은 $\frac{3}{6}$ = ($\frac{1}{2}$)일 거야.

3 52장의 트럼프 카드 중 하트는 13장, 52번 하면 하트가 13번 나오므로,

하트일 확률은 $\frac{13}{52}$ = ($\frac{1}{4}$)일 거야.

예 2개의 주사위를 던질 때, 2개의 눈의 합이 6 이상이 될 확률을 구하세요.

2개의 주사위를 던질 때 눈이 나오는 방법을 수형도로 그리면 다음과 같아.

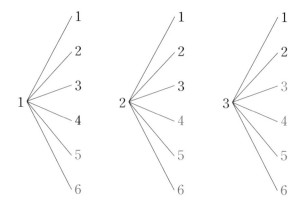

216

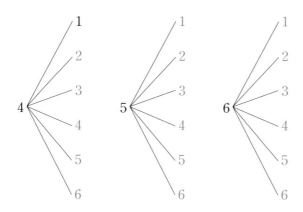

수형도로부터 눈이 나오는 방법은 전부하여 36가지,

이 중에서 2개의 눈의 합이 6 이상 되는 것은

$(1, 5)$ $(1, 6)$ $(2, 4)$ $(2, 5)$ $(2, 6)$ $(3, 3)$ $(3, 4)$

$(3, 5)$ $(3, 6)$ $(4, 2)$ $(4, 3)$ $(4, 4)$ $(4, 5)$ $(4, 6)$

$(5, 1)$ $(5, 2)$ $(5, 3)$ $(5, 4)$ $(5, 5)$ $(5, 6)$ $(6, 1)$

$(6, 2)$ $(6, 3)$ $(6, 4)$ $(6, 5)$ $(6, 6)$

의 26가지야.

36번 중 26번이므로, 구하는 확률은 $\dfrac{26}{36} = \dfrac{13}{18}$ 이겠지.

확률 문제는 수형도를
그리면 쉽게 풀려!

2개의 주사위를 던질 때, 2개의 눈의 곱(2개의 눈을 곱한 값)이 홀수가 될 확률을 수형도를 그려 구하세요.

```
      1
      2
      3
1         2         3
      4
      5
      6


4         5         6
```

수형도는 앞 페이지에 나오니 다시 한 번 봐.

수형도를 보면 눈이 나오는 방법은 전부하여 36가지,

이 중에서 2개의 눈의 곱이 홀수가 되는 것은

$(1, 1)$ $(1, 3)$ $(1, 5)$ $(3, 1)$ $(3, 3)$ $(3, 5)$ $(5, 1)$ $(5, 3)$ $(5, 5)$의 9가

지야. 36번 중 9번이므로, 구하는 확률은 $\dfrac{9}{36} = \dfrac{1}{4}$일 거야.

218

예 1 2 3 4 5 의 5장의 카드에서 카드를 계속하여 2번 꺼내고, 첫 번째로 꺼낸 카드의 수를 10의 자리, 두 번째로 꺼낸 카드의 수를 1의 자리로 하는 두 자릿수의 정수를 만듭니다. 단, 첫 번째로 꺼낸 수는 돌려놓지 않고 두 번째의 카드를 꺼냅니다.

이때, 아래의 물음에 답하세요.

① 몇 가지의 정수를 만들 수 있습니까?

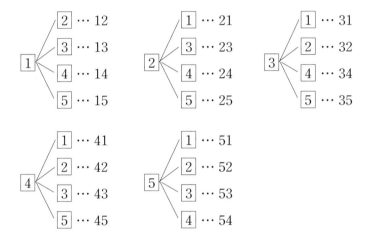

수형도에서 12 13 14 15 21 23 24 25 31 32 34 35 41 42 43 45 51 52 53 54의 20가지

② 40 이상 50보다 작은 정수는 몇 가지를 만들 수 있습니까?

41 42 43 45의 4가지

③ 50 이상 60보다 작은 정수는 몇 가지를 만들 수 있습니까?

51 52 53 54의 4가지

④ 40 이상의 수가 될 확률을 구하세요.

40 이상의 수=40 이상 50보다 작은 정수, 또는

50 이상 60보다 작은 정수이므로 4＋4＝8가지(합의 법칙)

40 이상의 수가 되는 것은 20번 중 8번이므로, 그 확률은

$\dfrac{8}{20}＝\dfrac{2}{5}$

1 2 3 4의 4장의 카드에서 카드를 계속하여 2번 꺼내고, 첫 번째로 꺼낸 수를 10의 단위, 두 번째로 꺼낸 수를 1의 자리로 하는 두 자릿수의 정수를 만듭니다. 단, 첫 번째로 꺼낸 카드는 돌려놓지 않고, 두 번째의 카드를 꺼냅니다. 이때, 아래의 물음에 답하세요.

① 정수는 몇 가지를 만들 수 있습니까?

수형도를 그려 답하세요.

② 짝수가 될 확률을 구하세요.

① 수형도를 그리면 12가지

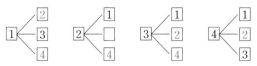

② 두 자릿수의 수는 12 13 14 21 23 24   31 32 34   41 42 43

이 중에서 짝수는 12 14 24 32 34 42의 6가지.

12번 중 6번이므로 그 확률은 $\dfrac{6}{12} = \left(\dfrac{1}{2}\right)$

주머니 속 5개의 제비 중 2개의 당첨 제비가 들어 있습니다. 동시에 2개를 꺼냈을 때, 둘 다 당첨일 확률을 구하세요.

[힌트] 동시에 2개를 꺼낸다는 것은 한 개를 꺼내고 그것을 돌려놓지 않고 다시 하나를 꺼낸다는 이야기야. 당첨 제비에 ①, ②, 꽝 제비에 ③, ④, ⑤라고 적어서 생각해 봐.

제비가 나오는 방법은

①-② ①-③ ①-④ ①-⑤

②-① ②-③ ②-④ ②-⑤

③-① ③-② ③-④ ③-⑤

④-① ④-② ④-③ ④-⑤

⑤-① ⑤-② ⑤-③ ⑤-④

20번 중 2번이므로, 그 확률은 $\dfrac{2}{20} = \dfrac{1}{10}$

실전 문제

아래의 물음에 답하세요.

1 100원짜리 동전을 3번 던질 때 앞과 뒤가 나오는 방법
은 몇 가지입니까? 수형도를 그려 답하세요.

2 앞이 2번 나올 확률을 구하세요.

1

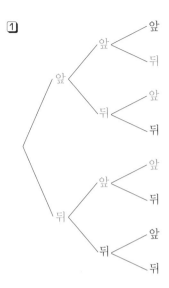

수형도에 따라 8가지

계산으로는 $2 \times 2 \times 2 = 8$가지

2 앞이 2번 나오는 것은 위의 그림에서 색이 들어간 글자야.

　앞-앞-뒤　　앞-뒤-앞　　뒤-앞-앞의 3가지.

8번 중 3번이므로 그 확률은 $\dfrac{3}{8}$

이제 끝이야.

지금까지 열심히 공부해 줘서 고마워.

이젠 수학에 자신감이 생겼지?

옮긴이 **김성미**

대학에서 국문학과 역사학을 전공했으며, 일본 문화 전반에 대해 관심을 갖고 있다. 특히 청소년과 젊은 독자들이 공감할 수 있는 좋은 책을 찾아 소개하는 데 힘쓰고 있다. 옮긴 책으로는 청소년 분야 교양 시리즈 『세상에서 가장 불가사의한 고대지도』 『중학수학 16시간 만에 끝내기 실전편』 등이 있다.

중학수학 16시간 만에 끝내기 실전편 2

1판 1쇄 2015년 11월 20일
개정판 1쇄 2023년 6월 30일

지 은 이 마지 슈조
옮 긴 이 김성미
발 행 인 주정관
발 행 처 북스토리㈜
주   소 서울특별시 마포구 양화로 7길 6-16 서교제일빌딩 201호
대표전화 02-332-5281
팩시밀리 02-332-5283
출판등록 1999년 8월 18일 (제22-1610호)
홈페이지 www.ebookstory.co.kr
이 메 일 bookstory@naver.com

ISBN 979-11-5564-299-3 54410
     979-11-5564-297-9 (세트)

※잘못된 책은 바꾸어드립니다.